高分辨率遥感影像场景智能理解

李彦胜　张永军　陈瑞贤　马佳义　著

科 学 出 版 社
北 京

内 容 简 介

本书是根据作者在遥感大数据智能处理及知识挖掘理论与方法的研究积累，以及在人工智能技术驱动及多领域技术交叉融合下高分辨率遥感影像场景智能理解的最新研究成果撰写的，系统阐述高分辨率遥感影像场景智能理解各个层次研究任务的最新理论和技术，分别介绍遥感影像场景理解的研究进展及趋势、遥感影像场景标记任务、遥感影像场景检索任务、遥感影像场景分类任务、遥感影像场景目标检测任务、遥感影像场景语义分割任务，以及遥感影像场景图生成任务。

本书可作为从事遥感影像理解研究与应用的科研及技术人员的参考用书，也可作为摄影测量与遥感专业本科生、研究生的教材。

图书在版编目（CIP）数据

高分辨率遥感影像场景智能理解/李彦胜等著. —北京：科学出版社，2022.2
ISBN 978-7-03-071437-4

Ⅰ.①高… Ⅱ.①李… Ⅲ.①高分辨率-遥感图像-图像处理-研究
Ⅳ.①TP751.1

中国版本图书馆 CIP 数据核字（2022）第 025687 号

责任编辑：杨光华/责任校对：高 嵘
责任印制：赵 博/封面设计：苏 波

科学出版社出版
北京东黄城根北街 16 号
邮政编码：100717
http://www.sciencep.com
固安县铭成印刷有限公司印刷
科学出版社发行 各地新华书店经销
*
开本：787×1092 1/16
2022 年 2 月第 一 版 印张：8
2024 年 3 月第三次印刷 字数：195 000
定价：68.00 元
（如有印装质量问题，我社负责调换）

前　言

遥感影像场景理解是遥感影像解译的最终目标，是遥感影像处理领域的基础性研究工作，有着广阔的应用前景和重要的民用和军用价值。随着遥感技术的发展与应用的牵引，遥感影像的空间分辨率越来越高，迫切需要提高遥感影像认知的精细化、精准化、智能化，以及综合化水平。在现今的遥感大数据时代，急需发展面向高分辨率遥感影像的智能遥感场景理解技术，以及时处理海量高质量的遥感影像数据，提取和挖掘其深层信息，更好地为各个领域提供高质量知识服务。

目前高分辨率遥感影像场景智能理解需要发展先进的理论、方法与技术，以支撑相应的生产实践及人才培养。本书旨在从理论与方法的角度，较为系统地介绍高分辨率遥感影像场景智能理解各层次具体研究任务的最新进展，以满足科研实践与人才培养需求。

本书共 10 章。第 1 章介绍高分辨率遥感影像场景智能理解的国内外研究进展，以及本书的研究内容。第 2 章针对遥感影像场景标记任务，概述其研究方法，介绍本书提出的多特征自动分级聚合引导的快速遥感影像场景标记方法，对相关的实验结果进行分析。第 3 章针对同源遥感影像场景检索任务，概述其研究方法，介绍本书提出的基于单模态深度哈希网络的同源遥感影像场景检索方法，对相关的实验结果进行分析。第 4 章针对跨源遥感影像场景检索任务，概述其研究方法，介绍本书提出的基于跨模态深度哈希网络的跨源遥感影像场景检索方法，对相关的实验结果进行分析。第 5 章针对遥感影像场景分类任务，概述其研究方法，介绍本书提出的基于容错性深度学习的遥感影像场景分类方法，对相关的实验结果进行分析。第 6 章针对零样本遥感影像场景分类任务，概述其研究方法，介绍本书提出的知识图谱表示学习驱动零样本遥感影像场景分类方法，对相关的实验结果进行分析。第 7 章针对遥感影像目标检测任务，概述其研究方法，介绍本书提出的基于场景标签约束深度学习的遥感影像目标检测方法，对相关的实验结进行分析。第 8 章针对遥感影像场景语义分割任务，概述其研究方法，介绍本书提出的联合深度学习和知识推理的遥感影像场景语义分割方法，对相关的实验结果进行分析。第 9 章针对遥感影像场景图生成任务，概述其研究方法，介绍本书提出的知识图谱引导的大幅面遥感影像场景图生成方法，对相关的实验结果进行分析。第 10 章进行总结与展望。

本书的研究工作得到了国家重点研发计划课题（2018YFB0505003）、国家自然科学基金重点项目（42030102）、国家自然科学基金面上项目（41971284）、湖北省自然科学基金创新群体项目（2020CFA003）的资助。

在此谨向对本书撰写提供支持与帮助的科研单位、研究人员，以及提出宝贵意见的领导、专家表示诚挚的谢意。感谢龚健雅院士、胡翔云教授、陈岭教授等专家的理论指导，感谢武汉大学遥感信息工程学院季铮、肖锐等老师及课题组陈蔚、史特、吴敏郎等同学对本书撰写工作的支持。

高分辨率遥感影像场景智能理解技术还在不断发展中，相关概念、理论技术还在不断完善，作者团队在这方面的研究可能还有所不足，书中疏漏在所难免，望各位读者不吝赐教。

作　者

2021年12月

目　录

第1章 绪　论

1.1 国内外研究进展

随着遥感产业的不断繁荣与发展，功能各异的高分辨率遥感成像传感器搭载卫星平台在轨运行，持续对人类赖以生存的地球表面进行数据采集，多源高分辨率遥感影像数据的覆盖范围与周期不断变大。高精度自动化的遥感影像场景智能理解是遥感对地观测技术高效深入应用的基本前提与保障（李德仁 等，2014）。与中、低分辨率遥感影像相比，高分辨率遥感影像呈现出十分显著的“同谱异物、同物异谱”现象（汪闽 等，2005），使得仅在像素级或者对象级的遥感影像理解表现出较大的局限性。为了突破这一限制，借助更大解译单元内的空间上下文信息来实施遥感影像场景智能理解（Cheng et al.，2017；何小飞 等，2016；Yang et al.，2010）是高分辨率遥感解译领域的重要发展趋势。高分辨率遥感影像场景智能理解技术受到国内外研究学者的广泛关注，已经初步在大范围经济预测（Jean et al.，2016）、实时难民区监测（Pelizari et al.，2018）、城市功能区识别（Zhang et al.，2015b）等任务上发挥重要作用。

高分辨率遥感影像场景智能理解以影像区块（场景单元）为基本解译单元，旨在通过对场景单元内的多种目标及其空间分布关系进行不同层次与粒度的分析，实现对场景单元语义信息的多层级智能理解。遥感影像场景理解方法主要可以分为两类：①借助人工特征描述子来表征遥感影像场景的视觉内容并结合浅层分类器完成特征分类与理解；②通过深度学习技术来进行统一框架下的特征表达、分类与理解。总的来说，基于深度学习（焦李成 等，2016；LeCun et al.，2015；Krizhevsky et al.，2012）的遥感影像场景理解技术可能获得较高的精度，但高度依赖于标记样本的规模与质量。遥感影像场景理解技术的研究进展主要包括以下几个方面。

（1）遥感影像场景标记。为了降低遥感影像场景数据集标注的劳动力成本，目前遥感影像场景标记主要有两种方法。第一类是基于公开地理信息数据提取的方法（Cheng et al.，2017），如利用公开地图（Open Street Map，OSM）格式的兴趣点和矢量数据来表示遥感影像中的地理空间对象，然后通过提取以每个指示为中心的场景来完成场景注释过程。第二类是使用交互式标记的方法（Xia et al.，2015），如使用交互式算法来主动细化数据集中场景的图模型中的边缘链接。除了上述两种方法，半监督方法（He et al.，2017；Yang et al.，2015）因为可以使用非常小的数据集进行监督并恢复剩余数据的标签，在快速影像数据集注释中可能发挥作用。总的来说，如何有效和准确地自动标注遥感影像场景数据还需要更具体的探索。

（2）遥感影像场景检索。根据遥感影像检索过程是否有用户的参与，已有的遥感影像检索方法可以分为用户参与交互确认的遥感影像检索方法（Demir et al.，2015；Schroder et al.，2000）和无需用户参与交互确认的遥感影像检索方法（Rosu et al.，2017；Demir et al.，

2016；Du et al.，2016；Li et al.，2016c；Wang et al.，2016；Aptoula，2014；Yang et al.，2013；Luo et al.，2008；Shyu et al.，2007）两大类。在无需用户参与交互的遥感影像检索方法中，Luo 等（2008）利用小波特征来解决不同分辨率遥感影像检索问题。Yang 等（2013）提出了包含 21 类地物覆盖类型的遥感影像数据集并用于遥感检索任务。除此之外，基于局部特征描述子的流形特征方法（Du et al.，2016）、形态学纹理特征方法（Aptoula，2014）和结构张量特征方法（Rosu et al.，2017）也相继被用于遥感影像检索任务。为了进一步提高检索精度，基于图模型的多特征融合方法（Li et al.，2016c；Wang et al.，2016）被用于遥感影像检索任务。为了提高特征最近邻搜索效率，Shyu 等（2007）提出了 K 维树搜索加速算法。当原始特征维度较高时，K 维树搜索加速算法会大大损害检索精度。为了达到检索效率与检索精度之间的平衡，Demir 等（2016）利用基于局部特征的视觉词袋模型作为遥感影像的初始描述特征，进一步利用无监督和有监督哈希学习方法对初始特征进行降维，最后用简短的二值向量来表达影像内容并用于影像相似性计算。为了提高哈希学习的效率，Li 等（2017b）提出了基于随机映射的快速哈希学习方法。在遥感影像检索领域，哈希学习技术暂时局限于人工特征的基础，尚未出现与主流的深度学习特征相结合的成功案例，结合互联网影像大数据检索的经验（Kang et al.，2016），有望将深度学习结合哈希学习技术引入遥感影像特征表达，进一步提升遥感影像检索的性能。到目前为止，遥感领域的研究主要讨论了同一类型间遥感影像的检索任务，不同类型间遥感影像检索问题鲜有谈及，然而现实中不同类型间影像检索任务的需求度很大。总的来说，同类型海量遥感影像检索任务的性能仍有很大提升空间，跨类型海量遥感影像检索任务的理论与方法有待进一步发展。

（3）遥感影像场景分类。在众多开源遥感影像场景数据集的支撑下，遥感影像场景分类成为一个开放性问题，并得到了长足的发展。已有的遥感影像场景分类方法大致可以分为基于人工特征、基于无监督学习特征和基于“端到端”深度卷积神经网络的分类方法三类。在现有的基于人工特征的分类方法中，Yang 等（2011）和 Qi 等（2015）分别提出了改进的视觉词袋特征来编码场景内容。Huang 等（2016）利用局部二值模式来描述场景内容。前述特征描述子（Huang et al.，2016；Qi et al.，2015；Yang et al.，2011）更多关注编码场景内目标信息，Zhong 等（2017）则提出了专注表征多目标空间分布关系的特征描述子用于遥感影像场景分类。在现有的基于无监督特征学习的分类方法中，Lu 等（2017）提出了基于无监督重建残差最小的金字塔特征表达方法。从数据自动合成的角度，Lin 等（2017）提出了基于生成式对抗网络的多级特征量化方法。钱晓亮等（2018）评估了不同特征对遥感影像场景分类精度的影响。在基于“端到端”深度卷积神经网络的分类方法中，为提高深度卷积神经网络的判别能力，类内与类间的密集约束（Cheng et al.，2018；Gong et al.，2018；Wang et al.，2017）被相继用于优化深度网络。郑卓等（2018）提出了多通道深度卷积神经网络，可以有效挖掘遥感影像的多尺度信息，从而提高场景分类精度。为了减小噪声标签对深度卷积神经网络训练的不利影响，Jian 等（2018）提出了容错性深度学习方法。相比人工特征和无监督特征，深度卷积神经网络可以获得明显的性能优势。尽管深度卷积神经网络通过层次化非线性抽象可以有效感知场景内目标信息，然而仍然无法学习目标间的空间分布关系。

（4）遥感影像目标检测。在深度学习技术的支撑下，遥感影像目标检测已有一定的发展。计算机视觉领域的研究表明，仅使用场景级标签约束下训练的深度网络可以为目标检测提供弱监督信息，这为遥感影像目标检测提供了新的思路。如 Cinbis 等（2017）和 Pinheiro 等（2015）将多实例学习与深度卷积特征相结合来定位对象。还有学者提出了一种通过评估深度网络在多个重叠斑块上的输出来定位目标的方法（Tang et al.，2017；Oquab et al.，2014）。Tang 等（2017）和 Bilen 等（2016）基于区域建议的方法使用弱监督解决目标检测问题。在全局池化操作帮助下，Zhou 等（2016）和 Oquab 等（2015）基于弱监督学习技术对深度网络进行端到端训练，用于特定类的目标检测。但是，由于这些方法最初是针对自然图像设计的，无法解决遥感影像背景复杂、目标分布密集、方向任意等问题，难以直接用于遥感影像目标检测中。

（5）遥感影像场景语义分割。随着深度学习的快速发展，借助深度语义分割网络，遥感影像场景语义分割取得显著的成功。但是神经网络难以表达高层次的先验知识，忽略了地物目标之间丰富的语义信息，而本体的知识图谱模型在表达和运用知识方面具有很大的优势。Sarker 等（2017）设计了基于知识模型解释的分类器以输出对分类结果的解释，但精度较差。Andrés 等（2017）利用本体知识推理对 Landsat 影像实现了基于显式光谱规则的分类，但仅仅采用了光谱信息，未考虑地物目标的形状、纹理和空间关系等信息。Amiri 等（2018）提出了一种基于区域邻接图的遥感影像语义标注方法，该方法借助本体化的空间和光谱属性完成标注。Gui 等（2016）在遥感影像解译中运用本体完成了建筑物的提取。基于地理对象的影像分析（geographic object-based image analysis，GEOBIA），可以借助领域专家知识提取对象的形状、纹理和空间关系等信息以完成对目标的分类。Gu 等（2017）提出了一种基于本体的高分辨率遥感影像语义分割方法，旨在充分利用 GEOBIA 和本体对地理信息的优势。以上方法的知识推理增强了分类结果的可解释性和可靠性，但是相比于深度学习方法，其分割精度较差。耦合深度学习和知识推理的遥感影像语义分割方法是充分发挥数据驱动和知识驱动方法优势的关键。在这一方面，目前仅有少量的研究。鉴于遥感影像智能解译的迫切需求，急需发展耦合深度学习和知识推理的遥感影像解译方法。

（6）遥感影像场景图生成。遥感影像场景图生成是遥感影像智能理解中的新兴研究任务。场景图源于计算机视觉，即用图结构的形式描述影像的目标与关系内容。目前，自然影像的场景图生成已在计算机视觉领域得到飞快发展（Tang et al.，2020，2019；Zellers et al.，2018；Xu et al.，2017）。遥感影像场景图生成任务则是指通过输入遥感影像自动生成一系列描述遥感影像内容的目标检测结果和目标关系三元组预测结果，最终构成遥感影像场景图。在遥感影像场景图研究方面，Chen 等（2021）构建了一个相关的地理关系三元组表示数据集，并提出了一种基于消息传递驱动的高分辨率遥感影像地理目标关系推理三元组表示方法。Li 等（2021a）则构建了一个具有一定规模的遥感场景图数据集，并提出了基于多尺度语义融合网络的遥感影像场景图生成方法。然而，目前的遥感影像场景图数据集仍局限于自然影像场景图数据集模式，缺乏真正顾及遥感影像数据特性的相关数据集，难以支撑例如大幅面遥感影像场景图生成等更具意义的任务。如何自动生成高质量的有价值的遥感影像场景图还需继续深入研究。

从以上国内外研究进展可以看出，当前的遥感影像场景智能理解技术还存在不少的缺陷，有着较大的提升空间和研究价值。

1.2 本书的研究内容

为了应对前文中的问题，本书从多个角度入手，研究遥感影像场景智能理解技术。本书的主要内容包括以下几个方面。

（1）遥感影像场景标记。第 2 章提出一种基于多特征自动分级聚合引导的快速遥感影像场景标记方法。基于聚类假设，尝试通过谱聚类自动聚合遥感影像的数据集，然后基于关键样本按聚类标注数据集。所提出的方法采用具有互补特征的分层相似性扩散结构，可捕获基础数据流形并充分利用特征之间的互补性。

（2）遥感影像场景检索。第 3 章提出一种基于单模态深度哈希神经网络的同源遥感影像场景检索方法，其中深度哈希神经网络由用于高级语义特征表示的深度特征学习神经网络和用于紧凑特征表示的哈希学习神经网络组成。第 4 章首次揭示跨模态大规模遥感影像检索的紧迫性与可能性，提出可在一系列约束下端到端进行优化的源不变深度哈希卷积神经网络以处理跨源大规模遥感影像场景检索问题。提出的源不变深度哈希卷积神经网络可以重新学习源不变特征表示并约简映射而不需要依赖任何预处理模型，并且可以根据遥感数据的特点进行灵活设计并易于推广到更多的应用中。

（3）遥感影像场景分类。第 5 章提出一种新的容错性深度学习方法用于遥感影像场景分类。该方法可以学习多视角深度网络和纠正潜在的错误标签以迭代优化的方式交替进行。除此之外，提出多特征协同表示分类器以自适应地组合多个特征以提高分类精度。第 6 章将翻译模型与遥感领域知识图谱结合，从而能够获取遥感影像场景类别的语义表示，为零样本遥感影像场景分类提供高质量的语义表示基础。针对传统自然语言处理模型在恰当描述面向遥感影像场景类别方面性能较弱的问题，提出基于遥感领域知识图谱表示学习生成遥感影像场景类别的语义表示，并将其应用于零样本和广义零样本遥感影像场景分类。

（4）遥感影像目标检测。第 7 章提出一种新的遥感影像目标检测学习框架，将遥感影像场景分类任务中的知识转移到多类别遥感影像目标检测任务中。为了充分利用场景级标签的监督作用，该方法利用成对的场景相似度和场景级类别约束来学习具有区分性的卷积权值和特定类别的激活权值。并且，为实现一定范围的遥感影像目标检测，提出一种多尺度场景滑动投票策略来计算类激活图，并利用面向类激活图的分割方法从类激活图中检测遥感影像场景目标。

（5）遥感影像场景语义分割。第 8 章提出一种联合深度学习和知识推理的遥感影像场景语义分割方法，通过耦合深度语义分割网络分类器与知识推理器的闭环迭代优化，在深度语义分割网络的外部层面嵌入地学知识，再根据超像素聚类方法构建推理单元，在推理单元的基础上进行地学知识推理，针对纠正错误分类和生成估计信息分别设计体系内知识推理规则和体系外推理规则。

（6）遥感影像场景图生成。第 9 章提出一种知识图谱引导的大幅面遥感影像场景图自动生成方法。通过旋转目标检测方法自动生成大幅面遥感影像场景目标检测结果，在知识图谱的引导下筛选出具有潜在关系的目标对进行关系预测，最后基于知识图谱先验知识对关系预测结果进行修正优化。得到的一系列目标关系三元组可组成描述大幅面遥感影像场景细粒度目标关系内容的遥感场景图。

第2章　多特征自动分级聚合引导的快速遥感影像场景标记

2.1　概　　述

随着遥感观测技术的快速发展，可用遥感影像急剧增长，这标志着遥感大数据时代的到来（Chi et al.，2016）。在目前的各种相关研究课题（例如影像存储、影像检索和知识挖掘）中，遥感影像场景理解是不可忽视的。这是因为遥感影像场景理解具有多种应用前景，包括遥感影像场景分类（郑卓 等，2018；Cheng et al.，2018；Li et al.，2016b）、土地利用和土地覆盖分类（Liu et al.，2018a；Qi et al.，2017；王婷婷 等，2015）、物体检测（Li et al.，2017c；Huang et al.，2015）和基于内容的影像检索（Shao et al.，2018；张洪群 等，2017；Li et al.，2017d）等。在过去几年中，已经提出了各种方法（Zhu et al.，2019；Wang et al.，2018；Genitha et al.，2013；Cerra et al.，2012）来解决遥感影像场景分类问题。在这些方法中，基于深度学习的方法无论是精确性还是鲁棒性都显著优于传统方法。

遥感影像场景理解中的关键问题在于如何解决低层遥感影像特征与高层语义类别之间的“语义鸿沟”。具备层次化特征表达能力的深度学习技术（LeCun et al.，2015；Hinton et al.，2006）以其充足的生理学基础和惊人的实验成效有望解决这一难题。深度特征可以由机器学习的方法通过深层次的神经网络结构，利用学习策略自动地从数据中学习遥感影像特征的表达。此外，深度学习方法可以很好地发现隐藏在高维数据中的错综复杂的结构与判别信息，使得深度特征可以显示出高度的语义抽象能力。

然而，深度学习模型一般都是采用监督的方式训练的，这个过程需要大量的带有场景标签的训练样本，因此深度学习模型的性能与带有场景标签的训练样本的数量和质量有很强的关联性。在遥感大数据时代下，人工标注大量不同类型的遥感影像耗费的成本极高，且人工标注的速度无法满足应用需求。同时，遥感领域的学者手动创建了一些遥感影像场景有标记数据集（Li et al.，2018a；Li et al.，2017a；Xia et al.，2017；Cheng et al.，2017；Yang et al.，2010）。但是这些已有的遥感影像场景数据集太少，不足以支撑完整的深度特征学习过程，并且这些数据集主要包括仅具有一个通道的全色影像或部分通道的多光谱影像，其他类型的遥感影像（例如高光谱影像）的场景数据集仍然不可用，这极大地限制了这些类型的遥感影像数据的深度学习方法的发展。与其他领域相比（例如自然影像识别），这也就是深度学习技术没有在遥感领域取得巨大成功的主要原因。与自然影像相比，由于光谱和分辨率的变化，遥感影像通常包含复杂的结构和纹理，仅仅通过迁移学习来继承自然影像领域的深度网络具有很大的局限性。

为了降低遥感影像场景数据集标注的劳动力成本，已有的文献中提出了两种主要的方法。第一种方法基于公开地理信息数据（Cheng et al.，2017），如 OSM 的兴趣点和矢量数据来表示遥感影像中的地理空间对象，然后通过提取以每个指示为中心的场景来完成场景注释过程。然而，由于 OSM 数据是众包数据，这些兴趣点和向量通常包含一些错误，导致标注的场景质量不可靠。正如 Cheng 等（2017）建议的那样，最初使用 OSM 数据进行标记的数据集仍然需要手动检查来纠正隐藏的错误。第二种方法（Xia et al.，2015）使用交互式算法来主动细化数据集中场景的图模型中的边缘链接。因为这些方法只能接受一种特征描述符，所构造的图形将包含大量的伪边缘链接。即使对于小的数据集，这样的交互式算法仍然需要数百个专家的反馈实例来从图模型中消除这些假边缘链接。此外，专家必须在交互过程中浪费大量时间等待中间结果。

除了上述两种方法，半监督方法（He et al.，2017；Yang et al.，2015）可能在快速影像数据集注释中发挥作用，因为这些方法可以使用非常小的数据集进行监督并恢复剩余数据的标签。然而，这些半监督方法仅考虑几种类型的特征描述符，少数类型的特征不足以完全表征具有复杂结构的遥感影像场景，因此导致了较低的精度。同时，如果单纯地增加这些半监督方法中考虑的特征数量，就会出现维数灾难的问题（He et al.，2017；Yang et al.，2015）。总的来说，如何有效和准确地自动标注遥感影像场景数据值得更具体地探索。

2.2 研究方法

本节提出一种多特征自动分级聚合引导的快速遥感影像场景标记方法，该标注方法的流程图如图 2.1 所示。如该图所示，给定遥感影像场景的数据集，首先构造包含各种互补特征的特征集。然后，通过扩散过程计算数据集的 k 最近邻（k-nearest neighbor，KNN）图以进行融合。在分层相似性扩散步骤之后，可以获得更准确的相似性矩阵，接着通过谱聚类对数据集进行自动聚合。最后找出每一个聚类簇中的关键样本确定每一个簇的类别信息，从而完成对整个数据集的标注。

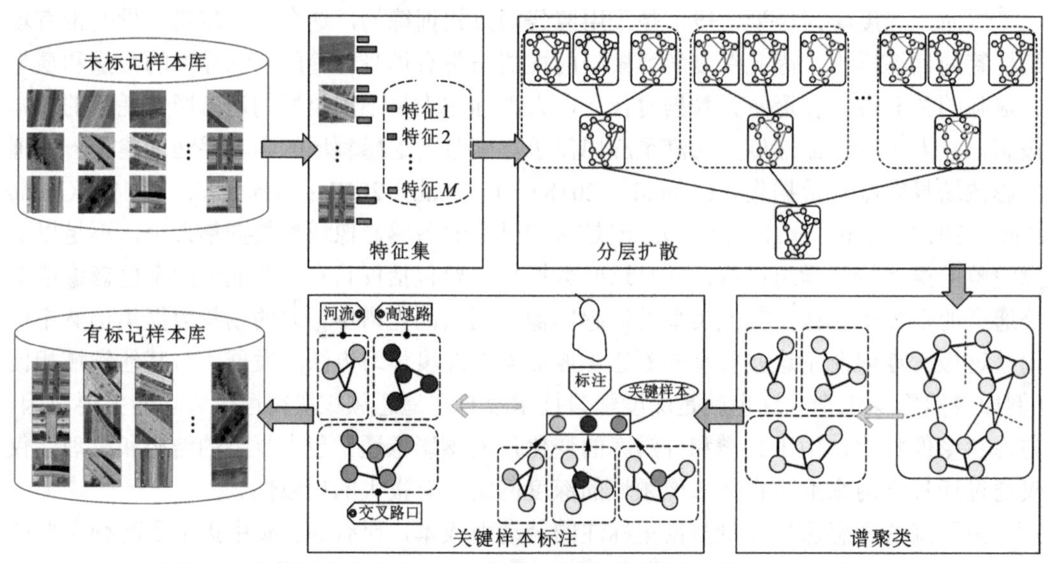

图 2.1　多特征自动分级聚合引导的快速遥感影像场景标记方法流程图

2.2.1 遥感影像的多特征表达

与遥感影像处理和分析有关的关键问题之一是提取代表性特征以描述遥感影像和场景。近几十年来，学者已经做出相当大的努力来表征遥感影像的视觉内容。通常，可以根据使用的提取方法将现有的特征描述符划分为三个主要类别：人工特征、无监督特征和深度特征。人工特征是通过大量的工程技能和领域专业知识设计而来。这些特征携带着有效的场景分类信息，例如代表颜色、纹理、形状、空间和光谱信息或其组合的特征。虽然对这些低级特征的研究已经取得了一定程度的成功，但它们在表达遥感影像所包含的高级概念（即语义内容）时具有很大的局限性。相比之下，无监督特征可以从未标记的数据中自动学习，已经吸引了越来越多的关注。然而，这些类型的特征不能提供在没有标签信息的情况下区分影像的最佳能力。相反，由于结合了与影像相关的语义（标签）信息，监督特征提取可以实现更好的性能，深度学习具有层次化的表示和组织能力，能够表达出影像数据之间的复杂关系。在深度学习的帮助下，通过由低级特征捕获的局部空间布局和结构模式的变化，场景影像可以以单一变换的形式表示。以这种方式，许多视觉识别和分类任务中的性能得到了显著提高。然而，如前文所述，缺乏足够多的人工标注，成为了深度学习技术在遥感领域广泛应用的巨大障碍。

此外，尽管目前有大量影像特征可用，但是没有一套通用的方法可以对遥感影像场景进行综合描述。遥感影像通常由具有丰富和复杂视觉内容的大型自然地理场景组成，这对提取其复杂的表面结构和高级语义特征构成了极其困难的挑战。在本节中，针对目前已有的特征提取方法，尝试使用尽可能多的特征用于构建遥感样本库的特征集。

如表 2.1 所示，在三个特征类型中一共采用 20 种特征。

表 2.1 遥感影像场景特征集

特征序号	特征缩写	特征类型	特征维度
1	ResNet_V1_50	深度特征	2 048
2	ResNet_V1_101		2 048
3	VGG 19		1 000
4	VGG 16		1 000
5	GAN1	无监督特征	2 048
6	GAN2		4 096
7	GAN3		8 192
8	ULF		4 096
9	EPLS_layer1		1 024
10	EPLS_layer2		2 048
11	EPLS_layer3		4 096
12	Sparse Filtering		1 024

续表

特征序号	特征缩写	特征类型	特征维度
13	GLCM	人工特征	12
14	LBP		36
15	HOG		576
16	PHOW		4 096
17	MR8		1 024
18	BOC		1 024
19	CS		591
20	GIST		512

（1）深度特征：根据注释未标记数据的任务，使用各种预训练的模型计算影像的深度特征。所有这些模型都已经在影像分类数据集上进行了预训练。对于残差网络（residual network，ResNet）模型（He et al.，2016），评估具有两个深度的神经网络：50 层和 101 层。此外，还使用视觉几何组（visual geometry group，VGG）卷积神经网络模型（Simonyan et al.，2014）提取深度特征。

（2）无监督特征：总共 8 个特征，特征序号 5 到序号 12，是使用生成对抗网络（generative adversarial network，GAN）计算的无监督特征（Lin et al.，2017）、无监督特征学习网络（Cheriyadat，2013）、强化种群和存在稀疏（enforcing population and lifetime sparsity，EPLS）（Romero et al.，2014）和稀疏过滤（sparse filtering）（Ngiam et al.，2011）。需要注意的是，本章重新实现了多层特征匹配 GAN 的网络架构，并重新设计了最后三层网络结构特征，让最后三层特征直接展开作为输出特征。通过这个过程，希望生成各种特征来描述不同尺度的影像场景信息。还重新实现了无监督特征学习网络以获得无监督学习特征（unsupervised learning feature，ULF）。在本章中，将该方法中使用的 k 均值算法中的聚类数设置为 1 024，并将接收场的大小设置为 6。此外，运行三层 EPLS 以获得更有效的功能。对于只有一个超参数的稀疏过滤，要学习的特征数量设置为 1 024。

（3）人工特征：考虑 8 种常规特征描述符，包括灰度共生矩阵（gray-level co-occurrence matrix，GLCM）（Haralick et al.，1973）、局部二值模式（local binary pattern，LBP）（Ojala et al.，2000）、方向梯度直方图（histogram of oriented gradient，HOG）（Dalal et al.，2005）、金字塔式梯度方向直方图（pyramid histogram of oriented gradients，PHOW）、最大响应滤波（maximum response-8，MR8）（Varma et al.，2005）、颜色词袋（bag of colors，BOC）（Wengert et al.，2011）、组合散射（combined scattering，CS）（Sifre et al.，2012）和全局特征通用搜索树（generalized search trees，GIST）（Oliva et al.，2001）。GLCM 特征沿三个偏移编码对比度、相关性、能量和均匀性。LBP 特征是通过在具有 36 个模式的映射表的约束下量化均匀旋转不变特征来生成的。每次检测中的 HOG 特征由 4×4 块计算，维度是 36 维。具体来说，PHOW 特征是密集尺度不变特征变换（scale-invariant feature transform，SIFT）描述符的变体，这里考虑的三个特征，即 PHOW、MR8 和 BOC 特征，这些特征都使用视觉词袋模型。作为全局特征的 GIST 表示影像的整体信息，具有场景

分类的优点。CS 特征是通过沿着空间和旋转变量的两个嵌套的小波变换级联和复模数来计算的（Sifre et al.，2012）。

2.2.2 基于分层相似性扩散的样本自动聚合

为了有效利用多个视觉特征之间的互补性，设计分层框架，通过多轮扩散过程达到加强相似性矩阵的效果。根据特征库 F，可以针对特征库每个特征建立样本之间的相似性图 $G=(V,E,\boldsymbol{W})$，其中相似性图包含的个数与特征数 M 相等。相似性图的顶点 $V=\{1,2,\cdots,n\}$ 表示样本库中的影像。边 $E\subseteq V\times V$ 是权重，表示影像之间的相似度。$\boldsymbol{W}$ 为相似度矩阵。对于第 m 个特征来说，影像 x_i 与 x_j 之间的相似度 $\boldsymbol{W}_{i,j}^m$ 可以由下式计算：

$$\boldsymbol{W}_{i,j}^m=\exp\left\{\frac{\left\|\boldsymbol{f}_i^m-\boldsymbol{f}_j^m\right\|_2}{\sigma_f^m}\right\} \tag{2.1}$$

式中：$\boldsymbol{f}_i^m$ 为影像的第 m 个特征；$\|\cdot\|_2$ 为计算欧氏距离；σ_f^m 为控制参数。

然后根据不同特征之间的互补性将相似性图划分到不同的子树内。首先确定子树个数 $H=[\sqrt{M}]$，其中 H 表示不大于根号 M 的最大整数。然后根据相似度矩阵计算不同特征之间的不相似性，将 M 个特征分配到 H 个子树中。每个子树包含 D 个特征，其中 D 的个数近似等于 M/H。对于第 h 个子树，包含的特征子集为 $\hat{F}_h=\{\hat{F}_h^1,\hat{F}_h^2,\cdots,\hat{F}_h^D\}$，相应地所构建出的相似性图为 $\hat{G}_h=\{\hat{G}_h^1,\hat{G}_h^2,\cdots,\hat{G}_h^D\}$。对于每个子树，初始情况为随机选择一个相似度矩阵，之后根据不相似性加入新的特征。当子树内包含 2 个及以上的相似度矩阵后，取它们的均值与候选特征进行比较。不相似性计算公式为

$$S=\frac{1}{n}\sum_{i,j}^{n}\left|\boldsymbol{W}_{i,j}^S-\boldsymbol{W}_{i,j}^h\right| \tag{2.2}$$

式中：S 为标量，表示特征之间的不相似性；$\boldsymbol{W}^S$ 为子树内相似性矩阵的均值；$\boldsymbol{W}^h$ 为候选特征的相似度矩阵。S 值越大表示特征之间的不相似性越大，即互补性越强。根据计算结果，选择 S 值最大候选特征的相似度矩阵，最终将不同特征所构建的相似性图分到不同的子树当中。

根据全连接图，构建局部连接图 $\tilde{G}=(\tilde{V},\tilde{E},\tilde{\boldsymbol{W}})$。其中局部连接图 $\tilde{G}$ 中的每个顶点仅仅与它最相近 L 个邻接顶点相连。通过以上两个图模型，分别计算出全连接图的状态矩阵 P 和局部连接图的核矩阵 $\tilde{P}$。状态矩阵 P 携带全局域中的相似度信息，而内核矩阵 $\tilde{P}$ 携带局部域中的本地关联信息。

第一层融合扩散利用交叉扩散模型，对每个子树内的 D 个多特征进行第一级的融合扩散。

$$\boldsymbol{P}^d(t)=(\tilde{\boldsymbol{P}}^d)\times\left[\frac{1}{D-1}\sum_{k\neq D}\boldsymbol{P}^k(t-1)\right]\times(\tilde{\boldsymbol{P}}^d)^{\mathrm{T}}+\eta\boldsymbol{I} \tag{2.3}$$

式中：$d=1,2,\cdots,D$；$t=1,2,\cdots,T$；$\tilde{\boldsymbol{P}}^d$ 为初始状态矩阵；$\tilde{\boldsymbol{P}}^d(t)$ 为第 t 次迭代的扩散结果；$\boldsymbol{I}$ 为判别矩阵；$\eta>0$ 为惩罚参数；k 为取 1, ⋯, $d-1$, $d+1$, ⋯, D 的整数。

第一层融合扩散结果得到每个子树的混合多特征相似性矩阵$\hat{\boldsymbol{W}}^{F1}$，$\hat{\boldsymbol{W}}^{F1}$由$T$次迭代后的状态矩阵的交叉扩散结果的平均值表示：

$$\hat{\boldsymbol{W}}^{F1}=\frac{1}{D}\sum_{d=1}^{D}\boldsymbol{P}^{d}(T) \tag{2.4}$$

第二层扩散在子树间，根据得到的共H个子树的融合扩散结果。对第一层融合扩散结果，构建局部连接图，再次计算状态矩阵与核矩阵，利用交叉扩散模型进行第二层融合扩散。

$$\boldsymbol{P}^{h}(t)=(\tilde{\boldsymbol{P}}^{h})\times\left[\frac{1}{H-1}\sum_{k\neq h}\boldsymbol{P}^{k}(t-1)\right]\times(\tilde{\boldsymbol{P}}^{h})^{\mathrm{T}}+\eta\boldsymbol{I} \tag{2.5}$$

式中：$h=1,2,\cdots,H$；k为取 1, ⋯, $h-1, h+1$, ⋯, H的整数。根据融合扩散结果，得到最终的相似性矩阵$\hat{\boldsymbol{W}}^{F2}$

$$\hat{\boldsymbol{W}}^{F2}=\frac{1}{H}\sum_{h=1}^{H}\boldsymbol{P}^{h}(T) \tag{2.6}$$

分层扩散框架如图 2.2 所示。其中相似性图的节点表示数据集中的样本。图中不同框内的图对应由不同特征构造的相似性图。图中两个节点之间的连接反映它们之间的相似性关系，边的宽度反映了相似性的强度。需要注意的是，图中每对节点之间应存在一个连接；但是，此图仅显示了一些关键连接作为示例。总的来说，所提出的分层方法试图最大化每个子树内特征的互补辨别能力，并通过遍及每个子树的扩散来提高相似性图的融合能力。

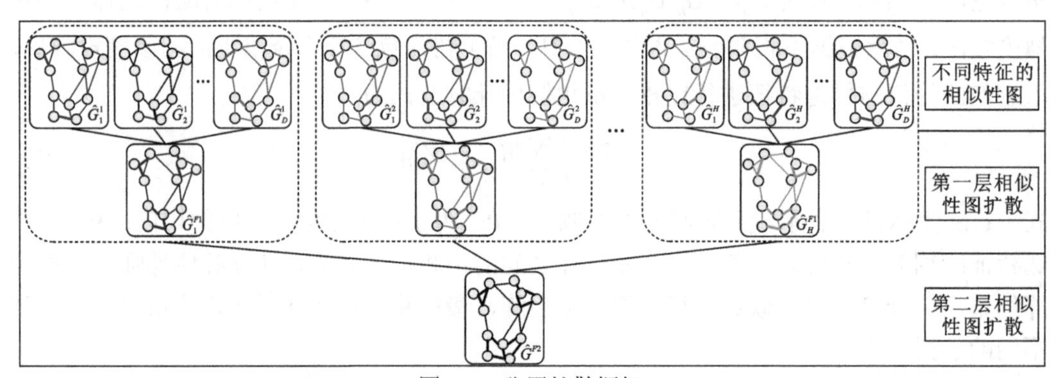

图 2.2　分层扩散框架

谱聚类（Ng et al.，2001）是一种基于相似度矩阵的聚类算法。它根据光谱分析理论划分相似度矩阵。谱聚类使用表示低维空间中的数据的图形结构，因此使得数据更易于聚类。给定相似度矩阵$\hat{\boldsymbol{W}}^{F2}$，假设聚类数量为$C$，谱聚类的目标函数为

$$\min N_{\mathrm{cut}}(A^{1},A^{2},\cdots,A^{C})=\frac{1}{2}\sum_{i}^{k}\frac{\hat{\boldsymbol{W}}^{F2}(A^{i},\overline{A}^{i})}{\mathbf{vol}(A^{i})} \tag{2.7}$$

式中：$A=\{A^{1},A^{2},\cdots,A^{C}\}$为各分图；$\overline{A^{i}}$为$A^{i}$的补集；$\hat{\boldsymbol{W}}^{F2}(A^{i},\overline{A^{i}})$为$A^{i}$与$\overline{A^{i}}$之间所有边的值之和；$\mathbf{vol}(\cdot)$为度矩阵。

可以通过谱聚类实现对最终相似度矩阵$\hat{\boldsymbol{W}}^{F2}$的自动聚合，然后通过关键样本来标记每个聚类并获得最终的注释结果。

2.2.3 基于样本库自动聚合的关键样本自动挑选

根据聚类假设（Zhou et al.，2003），同一类中的样本更可能被分配到同一个聚类簇中。因此，在此步骤中，尝试利用同一簇中的关键样本对整个聚类簇进行标注，之后便可按聚类簇标注整个样本库。

在每个聚类中，关键样本是根据 2.2.2 小节所提到的 $A^1, A^2, \cdots, A^C$ 进行自动挑选。具体地，图中的每个节点表示样本库中的一个样本，每一条边代表样本间的成对相似性。因此，关键样本应该是与聚类簇中所有其他样本具有最高相似性的样本。对于第 α 个聚类簇，关键样本的计算公式为

$$s_i^\alpha = \arg\max \sum_{j=1}^{n} \boldsymbol{A}_{ij}^\alpha \tag{2.8}$$

式中：$\boldsymbol{A}_{ij}^\alpha$ 为第 i 个样本与第 j 个样本的相似性值；s_i^α 为同一簇内第 i 个样本与其他样本的最高相似性值。

2.3 实验结果与分析

2.3.1 实验数据集与评价指标

实验部分用两个遥感影像数据集评估本章提出方法的性能，即加州大学默塞德分校（University of California，Merced；UCM）数据集（Yang et al.，2010）和遥感影像分类基准（remote sensing image classification benchmark-256，RSI-CB256）数据集（Li et al.，2017a)，图 2.3、图 2.4 分别为 UCM 数据集、RSI-CB256 数据集的实例。UCM 数据集是从美国国家地质调查局下载的大型航拍影像中裁剪出来的。UCM 数据集由 21 类卫星影

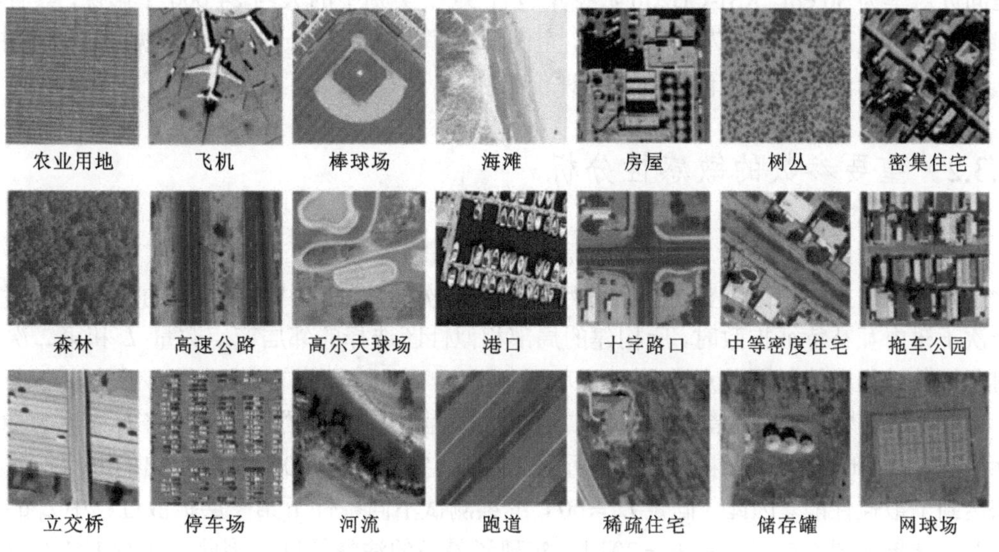

图 2.3　UCM 数据集示例

图 2.4 RSI-CB256 数据集示例

像组成，每个类包含 100 个样本，每幅影像包含红绿蓝三个波段，像素大小为 256×256，空间分辨率为 30 cm。RSI-CB256 数据集包含 35 个类别中的大约 24 000 个影像，具有红绿蓝三个波段，像素大小为 256×256，空间分辨率为 0.3～3 m。在两个数据集的评估中，选取在不同标注率下的总体精度作为评价指标。

2.3.2 重要参数的敏感性分析

在本章提出的方法中，关键是邻居节点的数量 L 。如 2.2 节所述，扩散过程一共进行了两次。因此，在两个数据集上分别测试了两次扩散过程中对应参数的灵敏度。即第一次子树内互补特征扩散时，所构建的局部相似性图选择的邻居节点数量 L_1 和第二次子树间扩散过程中的邻居节点数量 L_2 。

在 UCM 数据集上，首先测试第二层扩散过程中 L_2 的不同值，同时将 L_1 固定为 20。标注率为 1%时的评估结果如图 2.5 所示。L_1 固定下，$L_2=60$ 时本章提出的分层扩散方法达到了最佳性能。因此，固定 $L_2=60$ ，继续测试不同条件下第一层扩散过程中 L_1 的敏感度，结果如图 2.5 所示。$L_1=20$ 时，实现了最高的注释精度。因此，在对 UCM 数据集的实验中，每个子树内的扩散所处理的邻居节点数量被设置为 20，而子树间扩散所处理的邻居节点数量被设置为 60。

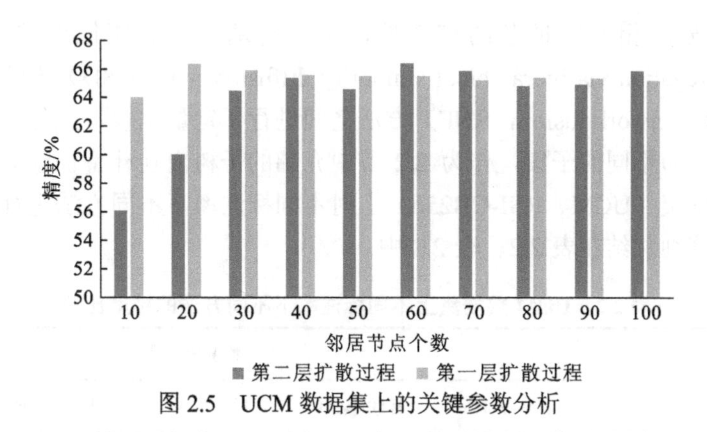

图 2.5　UCM 数据集上的关键参数分析

在 RSI-CB256 数据集的实验中，通过相同的配置测试了关键参数 L_1 与 L_2。当 L_1 固定为 20 时，L_2 的评估结果如图 2.6 所示。从图中可以看出，$L_2=90$ 时，可以获得最佳性能。因此，固定 $L_2=90$ 以评估 L_1。如图 2.6 所示，本章提出的方法在 $L_1=20$ 时达到最高精度。RSI-CB256 数据集的灵敏度分析结果与 UCM 数据集上的结果类似，即在第一层扩散过程中邻居节点的数量应该相对较小，而在第二层扩散过程中应该使用较大的数量。

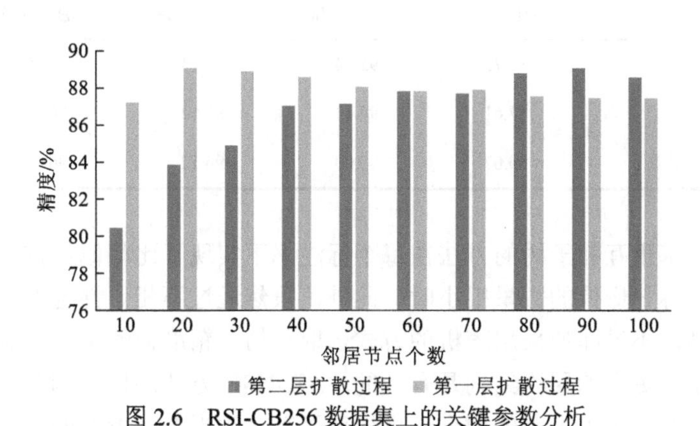

图 2.6　RSI-CB256 数据集上的关键参数分析

很明显，KNN 图的参数 L 对分层相似性扩散的性能起着重要作用，因为它影响全连接相似性图和局部连接相似性图之间共享的边数。在第一次扩散过程中，邻居节点的数量应该相对较小，因为初始相似性图是根据特征之间的欧氏距离计算的，其结果往往是不准确的。随着 L_1 的增加，相似性图包含的边越不可靠，从而导致性能变差。相反，在第二层扩散过程中，所使用的相似性图是通过第一轮扩散融合后的结果，这大大改善了各特征之间的相似性度量。因此，通过将 L_2 增加到稍大的数量，计算结果包含了更多的边，从而捕获了更多的全局信息，增强了扩散的性能。

2.3.3 分层扩散的有效性分析

为了证明分层相似性扩散的有效性，本节将基于分层相似度扩散的自动聚合（automatic aggregation via hierarchical similarity diffusion，AA-HSD）方法和相似性网络扩散（similarity network fusion，SNF）方法之间进行了定量比较。此外，使用随机选择方法将特征划分为不同的子集，作为 2.2 节中介绍的子树内互补特征选取的替代方法。分别在两个数据集（UCM、RSI-CB256）上对不同标注率下不同方法进行比较，定量性能评估的结果分别总结在表 2.2、表 2.3 中。

表 2.2　UCM 数据集上不同标注率下不同方法的精度比较

方法	精度/%				
	标注率 1%	标注率 2%	标注率 3%	标注率 4%	标注率 5%
SNF	51.57	63.86	69.76	77.05	78.67
AA-HSD（随机）	63.67	73.38	77.24	77.86	82.00
AA-HSD（互补）	66.38	77.24	79.81	80.38	83.33

表 2.3　RSI-CB256 数据集上不同标注率下不同方法的精度比较

方法	精度/%				
	标注率 1%	标注率 2%	标注率 3%	标注率 4%	标注率 5%
SNF	81.73	92.44	95.24	96.50	96.76
AA-HSD（随机）	87.61	94.43	95.52	96.35	96.80
AA-HSD（互补）	89.07	95.00	96.12	96.67	97.09

可以看出，基于互补子树的方法在每个标注率下实现了比相似性扩散网络更好的性能，特别是当有标记影像的数量很小时。此外，虽然通过不相似性选取准则所构建的分层扩散精度最高，不过即使采用随机的方式选取子树，精度依然可以达到较高的水平。实验结果表明本章提出的层次结构是有效的。AA-HSD 方法的树结构充分考虑了各种特征的互补性；同时，基于扩散的融合过程捕获了基础数据的流形空间，两次交叉扩散过程加强了相似性融合的精度。此外，即使是易于实现的随机选择方法也可以产生良好的标注效果。这些实验结果证实了本章提出的 AA-HSD 方法的效率和稳健性。因此，本章提出的方法适用于标签有限的遥感影像场景的注释。

2.3.4 与已有方法的对比分析

为了便于比较，重新实现几个分类器以供评估。具体地，使用三种典型的监督分类器：逻辑回归（logistics regression，LR）分类器（Fan et al.，2008）、支持向量机（support vector machine，SVM）分类器（Chang et al.，2011）和随机森林（random forest，

RF）分类器（Belgiu et al.，2016）。使用上述文献作者提供的公共源代码，用于训练这些监督分类器训练集的相对大小等于相应数据集的标注率。还相应调整各个方法的参数以获得最佳性能，对于支持向量机，使用线性支持向量机分类器和 L2 正则化的逻辑回归分类器，两种方法均设置 $C=15$；对于随机森林分类器，将树的数量设置为 500。

分别在两个数据集（UCM、RSI-CB256）上将用于比较的方法与本章提出的方法进行对比，结果如表 2.4 和表 2.5 所示。结果表明，本章提出的方法比其他方法具有更高的精度。在 UCM 数据集上，AA-HSD 方法在 1%标注率下达到 66.38%的准确率，在 2%标注率下达到 77.24%的准确率，比第二最佳方法精度提高约 11%和 20%。从评估结果可以看出，本章所提出的方法明显优于其他方法。这种趋势对 UCM 数据集是合理的，因为该数据集仅包含 2100 个影像，这意味着在较低的标注率下，仅有少量标记的训练数据被输入受监督的分类器，这大大地限制了标注性能。相比之下，本章所提出的 AA-HSD 方法利用融合通过扩散的优点和所有特征来表征遥感影像场景并通过扩散增强样本之间的潜在联系。此外，在相似性矩阵较为准确的情况下，无监督的谱聚类方法十分适用于标注任务的自动聚合。此外，在 RSI-CB256 数据集上，本章提出的方法与逻辑回归和支持向量机方法之间的差距仅约为 2%。这一结果是合理的，因为 RSI-CB256 数据集包含大量样本。因此，即使较低的标注率也会使比较方法拥有较多的训练样本从而表现出良好的性能。不过本章所提出的方法在每个标注率下仍然实现了更好的性能。

表 2.4　UCM 数据集上不同标注率下不同方法精度比较

方法	精度/%				
	标注率 1%	标注率 2%	标注率 3%	标注率 4%	标注率 5%
LR	59.76	63.19	73.57	78.62	82.24
SVM	59.24	63.67	74.76	78.57	82.10
RF	59.19	64.52	72.43	75.14	79.62
AA-HSD	66.38	77.24	79.81	80.38	83.33

表 2.5　RSI-CB256 数据集上不同标注率下不同方法精度比较

方法	精度/%				
	标注率 1%	标注率 2%	标注率 3%	标注率 4%	标注率 5%
LR	87.13	93.21	94.14	94.75	95.16
SVM	86.73	93.07	94.14	94.78	95.28
RF	80.68	90.86	93.70	94.89	95.34
AA-HSD	89.07	95.00	96.12	96.67	97.09

2.4 本 章 小 结

本章提出了一种基于多特征自动分级聚合引导的快速遥感影像场景标记方法。基于聚类假设，尝试通过谱聚类自动聚合遥感影像的数据集，然后基于关键样本按聚类标注数据集。此外，本章所提出的方法采用具有互补特征的分层相似性扩散结构，可捕获基础数据流形并充分利用特征之间的互补性。从与其他几种方法的比较可以看出，本章所提出的方法在具有不同大小和类别的两个数据集上均实现了最佳精度。具体地，本章提出的方法在标注率 1%的情况下，UCM 数据集的精度高达 66.38%，RSI-CB256 数据集精度高达 89.07%。这说明即使在大规模数据集与低标注率的情况下，本章提出的方法也可以表现出优异的性能。

作为一个通用的标注方法，本章提出的方法可能会存在一些错误标注，不过目前领域内已经出现了许多容错性学习方法。因此，在未来的工作中可以将本章提出的标注结果用于探究容错性深度学习方法。此外，本章提出的方法也可能对遥感影像检索任务有益（Cheng et al.，2017）。将来，会进一步评估本章提出的方法，用于遥感影像处理领域的其他任务。

第3章 基于单模态深度哈希网络的同源遥感影像场景检索

3.1 概　　述

随着遥感观测技术的快速发展，遥感数据的体量急剧增加，呈现数据规模海量化（volume）、数据类型多源化（variety）、数据增长迅速（velocity）和数据价值巨大（value）的“4V”特征，其标志着遥感大数据时代的来临（Ma et al.，2015）。在遥感大数据处理的挑战下，传统数据挖掘技术的应用遇到了前所未有的困难，对遥感大数据深度分析还需要研究新的方法。作为遥感大数据知识挖掘的基础性关键问题，基于内容的遥感影像检索因其广泛的应用而备受关注（李德仁 等，2014）。

在早期的遥感影像检索系统中，遥感影像检索主要依赖于人工标签的传感器类型、波段信息和遥感影像的地理位置等人工标记。然而，人工生成标记通常是耗时的，尤其是当遥感影像的数据量显著增加时，该方法的可行性欠佳。为了解决上述问题，通常可以采用两种策略：改进搜索算法和减少特征描述符的维数。改进搜索算法将数据空间划分为子空间，并通过树结构记录这些划分。基于树的方法在显著提高搜索速度的同时，会使检索性能水平急剧下降，并不适用于特征描述子维度较高的遥感影像（Muja et al.，2009）。最近，哈希学习方法已经被引入大规模遥感影像检索任务中，这些方法将人工标注的高维特征作为输入，并将其映射到低维二进制特征空间（Li et al.，2016a；Li et al.，2016c）。虽然现有的哈希学习方法使搜索的复杂性大为降低，显著提高检索速度，但其精度仍然不能满足实际应用的需求。如何高效而准确地进行大规模遥感影像检索值得进一步探索。

3.2 研 究 方 法

在过去的十年中，深度学习由于其在特征表示方面的优势，在应用于几乎所有计算机视觉任务时取得立竿见影的效果。在遥感领域，深度学习方法已相继用于遥感影像场景分类、高光谱影像分类、合成孔径雷达影像分类、遥感影像目标识别等领域。由这些深度学习方法生成的特征向量输出的维数通常非常高，并且对某些处理任务可能是可接受的。然而，基于高维特征向量的大规模影像检索在大多数情况下是难以实现的。

3.2.1 单模态深度哈希网络优化

为了发挥深度学习的优势，基于上述考虑，提出一种基于深度哈希神经网络（deep

hashing neural networks，DHNNs）的大规模单源遥感影像检索方法，其中 DHNNs 由用于高级语义特征表示的深度特征学习神经网络（deep feature learning neural networks，DFLNNs）和用于紧凑特征表示的哈希学习神经网络（hashing learning neural networks，HLNNs）组成。如图 3.1 所示，该方法包括两个阶段：训练阶段和测试阶段。在训练阶段，DHNNs 使用带有标记的遥感影像进行离线训练。在测试阶段，基于训练阶段学习的 DHNNs，使用式（3.1）计算给定遥感影像的低维二值特征。

$$\boldsymbol{b}_i = \mathrm{sign}(\boldsymbol{f}_i) = \mathrm{sign}(\boldsymbol{W}^{\mathrm{T}}\varphi(\boldsymbol{I}_i;\boldsymbol{\varLambda}) + \boldsymbol{v}) \tag{3.1}$$

式中：$\boldsymbol{f}_i = \boldsymbol{W}^{\mathrm{T}}d_i + \boldsymbol{v} = \boldsymbol{W}^{\mathrm{T}}\varphi(\boldsymbol{I}_i;\boldsymbol{\varLambda}) + \boldsymbol{v}$ 为 HLNNs 的连续低维特征；$\mathrm{sign}(\cdot)$ 根据给定元素的符号将特征向量的每个元素映射到-1 或 1。

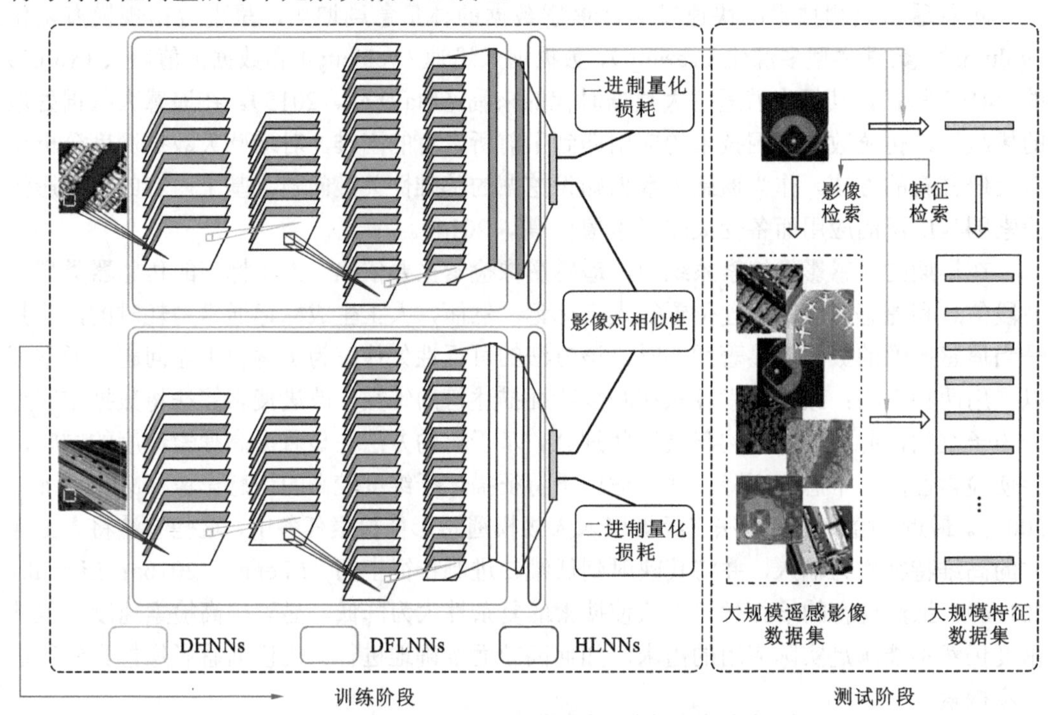

图 3.1 基于 DHNNs 的大规模遥感影像检索方法流程图

如图 3.1 中的测试阶段所示，大规模遥感影像检索任务被转换成特征检索问题。如上所述，DHNNs 的最终特征表示非常紧凑，得益于此特性，通过详尽的特征相似性比较，可以很容易地实现大规模遥感影像检索任务。其中二值特征间的相似性可以用汉明距离来计算。由于 DHNNs 生成的特征表示非常紧凑，可以预先计算大规模遥感影像数据集中的遥感影像的特征，然后将其保存为特征数据集。依此在检索阶段仅需基于 DHNNs 计算所查询影像的特征表示，可以节省大规模遥感影像数据集的特征提取时间。基于深度学习的检索方法通常依赖于使用数百万个标记样本以学习复杂的参数，其性能在很大程度上取决于标记样本的数量，为了扩展 DHNNs 的应用范围，讨论在两种典型情况下设计和训练 DHNNs 的方法。

1. 基于有限标记样本的单模态深度哈希网络优化

当可用的标记遥感影像数量非常有限时，通过迁移学习来训练 DHNNs。具体而言，就是将源域（例如自然影像目标识别）上预训练的卷积神经网络（convolutional neural network，CNN）迁移到目标域（例如遥感影像检索），使得 DFLNNs 可以从预训练的卷积神经网络上继承且 HLNNs 可以依据 DFLNNs 的大小随机初始化。此外依据 DHNNs 优化函数使用的范数类型，将其分为 DHNNs-L1 和 DHNNs-L2 两类。前者为优化函数使用 L1 范数量化损耗的 DHNNs，后者为使用 L2 范数的平方定义量化损耗的 DHNNs。根据构建的 DHNNs 的优化函数类型，可以在样本标记数量有限的情况下运用算法 3-1（表 3.1）和算法 3-2（表 3.2）进行增量训练。

表 3.1　算法 3-1

算法 3-1：DHNNs-L1 优化过程
输入：带有成对相似矩阵 $\boldsymbol{\Theta}$ 的训练影像 $\boldsymbol{I}=\{I_i\}_{i=1}^{N}$
输出：DHNNs-L1 的权重 $\{\boldsymbol{A},\boldsymbol{W},\boldsymbol{v}\}$ 及附带的二元特征 $\boldsymbol{B}$
重复：从训练影像中随机抽取一批影像。对于样本中的每个图像 I_i，执行以下操作：
• 通过前向传播的方式计算高维特征 $d_i=\varphi(\boldsymbol{I}_i;\boldsymbol{A})$
• 使用式（3.1）计算低维二进制特征
• 使用式（3.2）～式（3.5）计算优化函数的导数
• 基于反向传播的导数更新 $\{\boldsymbol{A},\boldsymbol{W},\boldsymbol{v}\}$
重复直到所有影像经过固定次数的迭代处理

表 3.2　算法 3-2

算法 3-2：DHNNs-L2 优化过程
输入：带有成对相似矩阵 $\boldsymbol{\Theta}$ 的训练影像 $\boldsymbol{I}=\{I_i\}_{i=1}^{N}$
输出：DHNNs-L2 的权重 $\{\boldsymbol{A},\boldsymbol{W},\boldsymbol{v}\}$ 及附带的二元特征 $\boldsymbol{B}$
重复：从训练影像中随机抽取一批影像。对于样本中的每个图像 I_i，执行以下操作：
• 通过前向传播的方式计算高维特征 $d_i=\varphi(\boldsymbol{I}_i;\boldsymbol{A})$
• 使用式（3.1）计算低维二进制特征
• 使用式（3.6）～式（3.9）计算优化函数的导数
• 基于反向传播的导数更新 $\{\boldsymbol{A},\boldsymbol{W},\boldsymbol{v}\}$
重复直到所有影像经过固定次数的迭代处理

算法中涉及的等式如下：

$$\frac{\partial E^1}{\partial \boldsymbol{f}_i^m}=\begin{cases}\sum\limits_{j:\boldsymbol{\Theta}_{i,j}\in\boldsymbol{\Theta}}(\sigma(\boldsymbol{f}_i^{\mathrm{T}}\boldsymbol{f}_j/(s\cdot l))-\boldsymbol{\Theta}_{i,j}^1)\boldsymbol{f}_j^m+\eta, & \boldsymbol{f}_i^m\geqslant 1\\ \sum\limits_{j:\boldsymbol{\Theta}_{i,j}\in\boldsymbol{\Theta}}(\sigma(\boldsymbol{f}_i^{\mathrm{T}}\boldsymbol{f}_j/(s\cdot l))-\boldsymbol{\Theta}_{i,j}^1)\boldsymbol{f}_j^m+\eta, & -1\leqslant \boldsymbol{f}_i^m\leqslant 0\\ \sum\limits_{j:\boldsymbol{\Theta}_{i,j}\in\boldsymbol{\Theta}}(\sigma(\boldsymbol{f}_i^{\mathrm{T}}\boldsymbol{f}_j/(s\cdot l))-\boldsymbol{\Theta}_{i,j}^1)\boldsymbol{f}_j^m+\eta, & \text{其他}\end{cases}\tag{3.2}$$

式中：E 为优化函数；$\boldsymbol{f}_i$ 为 HLNNs 的低维连续特征；η 为正则化系数；$\sigma(\cdot)$ 为 sigmoid 函数；s 为相似性因子；l 为向量 $\boldsymbol{f}_i$ 和 $m=1:l$ 的长度。

$$\frac{\partial E^1}{\partial \varphi(I_i;\boldsymbol{\Lambda})}=\boldsymbol{W}\frac{\partial E^1}{\partial \boldsymbol{f}_i} \tag{3.3}$$

$$\frac{\partial E^1}{\partial \boldsymbol{W}}=\varphi(I_i;\boldsymbol{\Lambda})\left(\frac{\partial E^1}{\partial \boldsymbol{f}_i}\right)^{\mathrm{T}} \tag{3.4}$$

$$\frac{\partial E^1}{\partial \boldsymbol{v}}=\frac{\partial E^1}{\partial \boldsymbol{f}_i} \tag{3.5}$$

$$\frac{\partial E^2}{\partial \boldsymbol{f}_i}=\sum_{j:\Theta_{i,j}\in\Theta}(\sigma(\boldsymbol{f}_i^{\mathrm{T}}\boldsymbol{f}_j/(s\cdot l))-\Theta_{i,j}^1)\boldsymbol{f}_j^m+2\eta(\boldsymbol{f}_i-b_i) \tag{3.6}$$

$$\frac{\partial E^2}{\partial \varphi(I_i;\boldsymbol{\Lambda})}=\boldsymbol{W}\frac{\partial E^2}{\partial \boldsymbol{f}_i} \tag{3.7}$$

$$\frac{\partial E^2}{\partial \boldsymbol{W}}=\varphi(I_i;\boldsymbol{\Lambda})\left(\frac{\partial E^2}{\partial \boldsymbol{f}_i}\right)^{\mathrm{T}} \tag{3.8}$$

$$\frac{\partial E^2}{\partial \boldsymbol{v}}=\frac{\partial E^2}{\partial \boldsymbol{f}_i} \tag{3.9}$$

由于 DHNNs 的权值主要集中在 DFLNNs，对 DFLNNs 选择合适的数值进行初始化可以降低 DHNNs 的优化难度。重新运用卷积神经网络，能在可用的标记遥感影像数量受限的情况下实现较高水平的泛化性能。

2. 基于充足标记样本的单模态深度哈希网络优化

当所使用的遥感影像与源域中的影像显著不同时，上述 DHNNs 的迁移学习策略效率可能较低。因为自然影像数据集上预训练的卷积神经网络构造 DFLNNs 时仅使用遥感影像的红、绿、蓝三个光谱通道进行特征表示而忽略了遥感影像的多光谱信息。

目前一些研究者发布了具有大量标记样本的遥感影像数据集，但尚未有研究说明联合深度特征和哈希学习用于遥感影像数据集的可行性。为了充分利用遥感影像的丰富标注信息，本章基于遥感影像的特定数据特征随机构建 DHNNs，使用足够数量的标记样本，采取算法 3-1 或算法 3-2 重新开始训练卫星影像数据集。提出的解决方案基于一个公共卫星影像数据集（Satelite-4，SAT4）（Basu et al.，2015）进行验证，其中每幅影像包含红、绿、蓝和近红外共 4 个光谱通道。

3.2.2 基于单模态深度哈希网络的同源遥感影像场景检索算法

一般而言，基于 DHNNs 的同源遥感影像场景检索被应用于两种情况：含有有限标记样本或充足标记样本的遥感影像数据集。对于前一种情况，DHNNs 的深度特征学习模块可以从合适的预训练的网络中得到，DHNNs 的哈希学习模块被随机初始化，然后利用有限的可用样本标记训练 DHNNs。对于后一种情况，可以根据遥感影像的特定数据特征随机构造 DHNNs，然后使用充足的标记样本从头开始训练 DHNNs。为了直观地表示检索过程，将基于 DHNNs 的同源遥感影像优化过程归纳为算法 3-3（表 3.3）。

表 3.3 算法 3-3

算法 3-3：在上述两种典型情况下设计与训练 DHNN 的方法
有限样本。在样本数量有限的情况下，给定一幅查询影像 q，从查询影像数据集 Q 中检索相似影像的过程如下：
● 继承预训练的 CNNs 得到初始 DFLNNs
● 基于 DFLNNs 的大小对 HLNNs 进行随机初始化
● 应用算法 3-1 或算法 3-2 训练数据集 Q，得到权重参数 $\{\boldsymbol{\Lambda}, \boldsymbol{W}, \boldsymbol{v}\}$ 及 Q 的二值特征表示 $\boldsymbol{B} = \{b_i\}_{i=1}^{N}$
● 通过式（3.1）计算 q 的二值特征表示 b
● 计算 b 和 $\boldsymbol{B}$ 之间的汉明距离
● 将汉明距离排序并输出最相似的影像
充足样本。在样本数量充足的情况下，给定一幅查询影像 q，从查询影像数据集 Q 中检索相似影像的过程如下：
● 对 DFLNNs 和 HLNNs 进行随机初始化
● 应用算法 3-1 或算法 3-2 训练数据集 Q，得到权重参数 $\{\boldsymbol{\Lambda}, \boldsymbol{W}, \boldsymbol{v}\}$ 及 Q 的二值特征表示 $\boldsymbol{B} = \{b_i\}_{i=1}^{N}$
● 通过式（3.1）计算 q 的二值特征表示 b
● 计算 b 和 $\boldsymbol{B}$ 之间的汉明距离
● 将汉明距离排序并输出最相似的影像

3.3 实验结果与分析

3.3.1 实验设置与评价指标

本章所提出的DHNNs可以由DFLNNs和HLNNs的集成来表示。具体而言，DFLNNs由多个卷积层和全连接层组成，以求得输入影像场景的高层语义特征表示。HLNNs由一个全连接层构造，用于映射DFLNNs的高维特征表示。不同于DFLNNs的高维特征表示，DHNNs的特征表示较为紧凑，可应用于大规模遥感影像检索任务。在DHNNs中，每幅影像共享相同的 DHNNs 且在成对相似性约束和二进制量化损失等约束条件下进行优化。本次实验使用广泛采用的度量标准，均值平均精度（mean average precision，MAP）和精度-召回（precision recall，PR）曲线。

3.3.2 基于有限标记样本数据集的实验结果分析

1. 评估数据集

本次实验中采用公开的UCM数据集。UCM是一个包含有限数量的标记样本的代表性遥感影像数据集，目前已被广泛应用于遥感影像检索和遥感影像场景分类的性能评估（Li et al.，2016a；Li et al.，2016c；Aptoula，2014；Yang et al.，2013），符合实验的要求。为了扩大UCM数据集的容量，将该数据集中的每幅影像分别旋转90°、180°和270°（图3.2），这样UCM数据集的大小将增加为原容量的4倍，即8400幅影像。

实验中，查询影像数据集由 8 400 幅影像中随机采样得到的 1 000 幅影像组成，其余的作为搜索和训练的数据集。

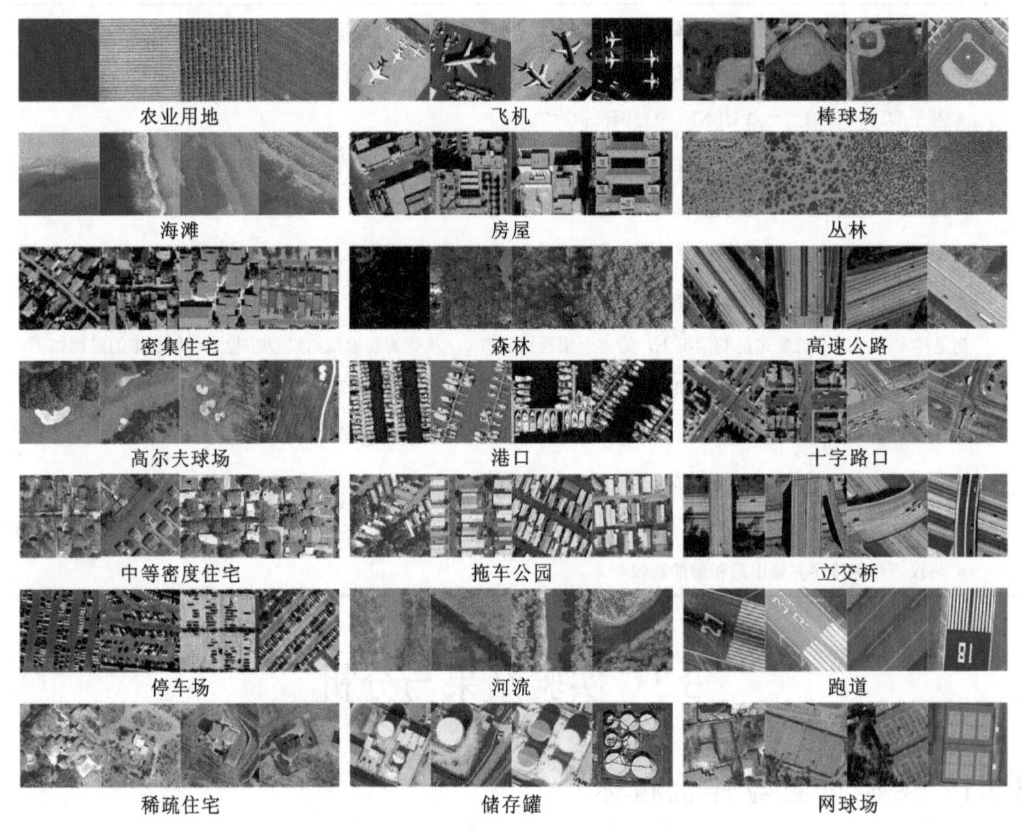

图 3.2　旋转后的 UCM 数据集示例

2. 实验设置

在本次实验中，基于 UCM 数据集的遥感影像在光谱范围和空间分辨率方面与 ImageNet 中自然影像相类似的事实，通过迁移在 ImageNet 上预训练的卷积神经网络来构建 DFLNNs，并且基于 DFLNNs 的输出大小来对 HLNNs 进行随机初始化。DFLNNs 的具体结构如表 3.4 所示。

表 3.4　UCM 数据集上 DFLNNs 的结构

层	结构
卷积层 1	filter：64×11×11×3，stride1：4×4，pool：3×3，stride2：2×2
卷积层 2	filter：256×5×5×64，stride1：1×1，pool：3×3，stride2：2×2
卷积层 3	filter：256×3×3×256，stride1：1×1
卷积层 4	filter：256×3×3×256，stride1：1×1
卷积层 5	filter：256×3×3×256，stride1：1×1，pool：3×3，stride2：2×2
全连接层 6	4 096
全连接层 7	4 096

在表 3.4 中，filter 指定了过滤器的数目、大小和输入数据的维数，可以表示为数目×尺寸×尺寸×维数；stride1 表示卷积运算的步长；pool 表示下采样因子；stride2 表示局部卷积运算的步长。

此外，通过算法 3-1 或算法 3-2 从训练的遥感影像数据集中对构造的 DHNNs 进行增量优化。为了便于区分优化算法，DHNNs-L1 表示由算法 3-1 优化的 DHNNs，DHNNs-L2 表示由算法 3-2 优化的 DHNNs。在增量优化的过程中，可以通过遥感影像数据集来联合更新 DFLNNs 和 HLNNs。

3. 实验结果

在本实验中，哈希特征的长度为 64，查询遥感影像数据集包含 1000 幅影像，检索遥感影像数据集包含 7400 幅影像。在上述设置下，表 3.5 和表 3.6 分别表示 DHNNs-L1 和 DHNNs-L2 在不同相似因子 s 及正则化系数 η 下的检索性能。

表 3.5　不同参数下 DHNNs-L1 在 UCM 数据集上映射值

s	$\eta=5$	$\eta=10$	$\eta=50$	$\eta=100$	$\eta=500$
0.25	0.600 9	0.940 6	0.959 0	0.953 9	0.310 9
0.50	0.701 0	0.853 0	0.750 6	**0.958 7**	0.473 5
0.75	0.165 0	0.245 0	0.695 9	0.712 3	0.362 7
1.00	0.714 1	0.793 3	0.677 0	0.589 8	0.125 0

表 3.6　不同参数下 DHNNs-L2 在 UCM 数据集上的映射值

s	$\eta=5$	$\eta=10$	$\eta=50$	$\eta=100$	$\eta=500$
0.25	0.943 3	0.952 0	0.958 7	0.950 3	0.048 6
0.50	0.843 6	0.962 2	**0.971 8**	0.962 0	0.095 6
0.75	0.898 9	0.970 8	0.970 8	0.959 6	0.144 9
1.00	0.858 5	0.863 3	0.970 1	0.965 4	0.429 5

经对比分析可知，DHNNs-L2 的性能整体上优于 DHNNs-L1，且当相似度因子设置为 0.50，正则化系数等于 50 时，DHNNs-L2 获得最佳的遥感影像检索结果。为了显示所采用的 DNHHs-L2 的优越性，将其与现有方法进行比较，包括基于部分随机性哈希（partial randomness hashing，PRH）的大规模遥感影像检索方法（Li et al.，2017b）、基于核监督哈希（kernel-based supervised hashing，KSH）的大规模遥感影像检索方法（Demir et al.，2016）、基于监督离散哈希（supervised discrete hashing，SDH）的潜在方法（Shen et al.，2015）及基于列采样的监督离散哈希（column sampling based discrete supervised hashing，COSDISH）的候选方法（Kang et al.，2016），这些方法将 512 维 GIST 特征作为哈希学习方法的输入。此外还将其与现有的 DHNNs 模型进行了比较，包括深度哈希网络（deep hashing network，DHN）（Zhu et al.，2016a）、深度监督哈希（deep supervised hashing，DSH）（Liu et al.，2016）和深度成对监督哈希（deep pairwise-supervised hashing，DPSH）

（Li et al.，2016a）。实验参数根据上述相应文献中的建议进行设置。为了说明本章所提出的优化函数 DHNNs-L2 的优越性，表 3.7 列出基于同一深度学习网络、哈希特征长度为 l 的情况下，不同方法在 UCM 数据集上的映射值。不难得出结论，本章所提出的 DHNNs-L2 明显优于其他最新的方法。

表 3.7　DHNNs-L2 及其他方法在 UCM 数据集上的映射值

l	PRH	KSH	SDH	COSDISH	DHN	DSH	DPSH	DHNNs-L2
32	0.155 7	0.303 9	0.299 7	0.499 8	0.670 7	0.631 7	0.747 8	**0.939 6**
64	0.174 4	0.332 6	0.314 4	0.530 0	0.731 3	0.675 0	0.817 4	**0.971 8**
96	0.185 8	0.353 9	0.342 7	0.559 4	0.770 7	0.750 2	0.864 0	**0.976 2**

为了进一步说明 DHNNs-L2 检索的性能效果，绘制在哈希特征长度为 l 时 DHNNs-L2 与其他方法的 PR 曲线，显然 DHNNs-L2 优于其他方法，如图 3.3 所示。

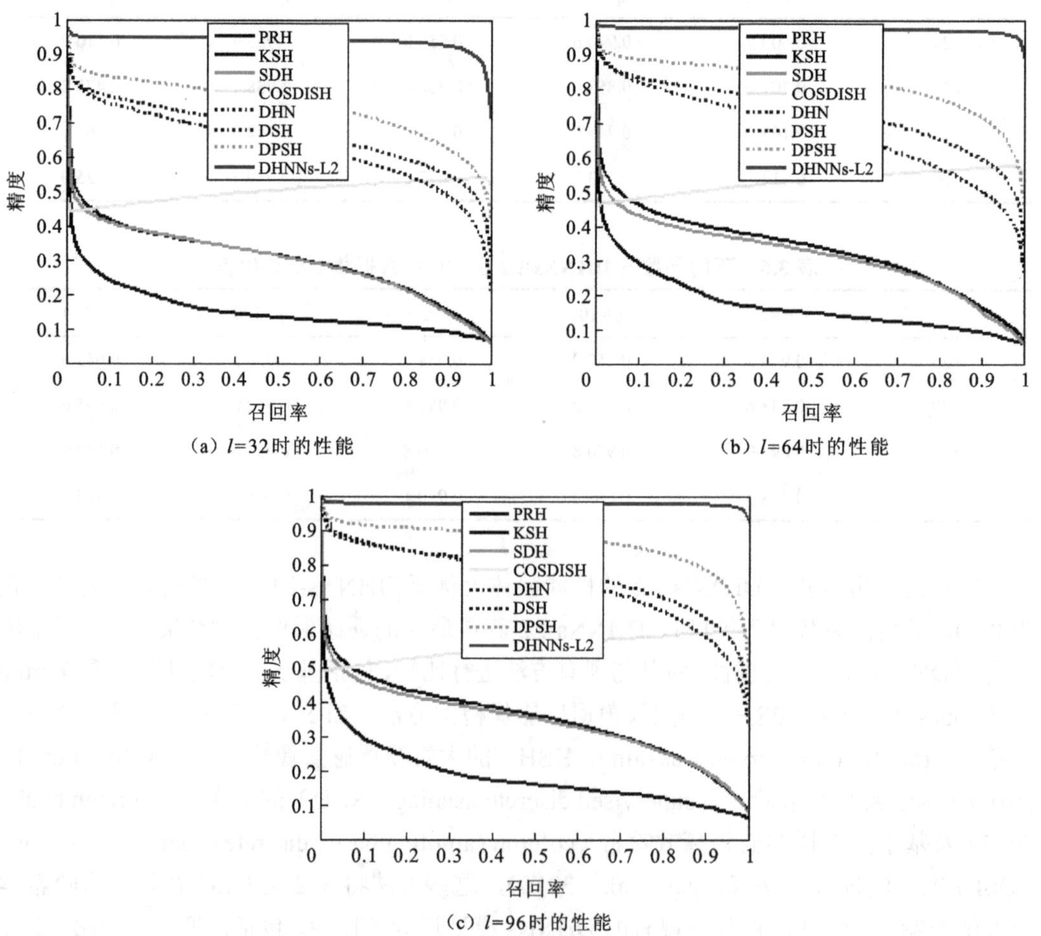

（a）l=32时的性能

（b）l=64时的性能

（c）l=96时的性能

图 3.3　在 UCM 数据集上应用不同哈希特征长度 l 时，DHNNs-L2 和其他方法的性能

除了上述定量比较，还进行定性的比较。如图 3.4 所示，以包含储存罐的航拍场景作为查询影像，展示在哈希特征长度为 96 时，基于相同检索影像数据集的不同方法的检索结果。可见即便在储存罐外观变化较大时，DHNNs-L2 仍具备较高的检索性能，远优于其他方法。

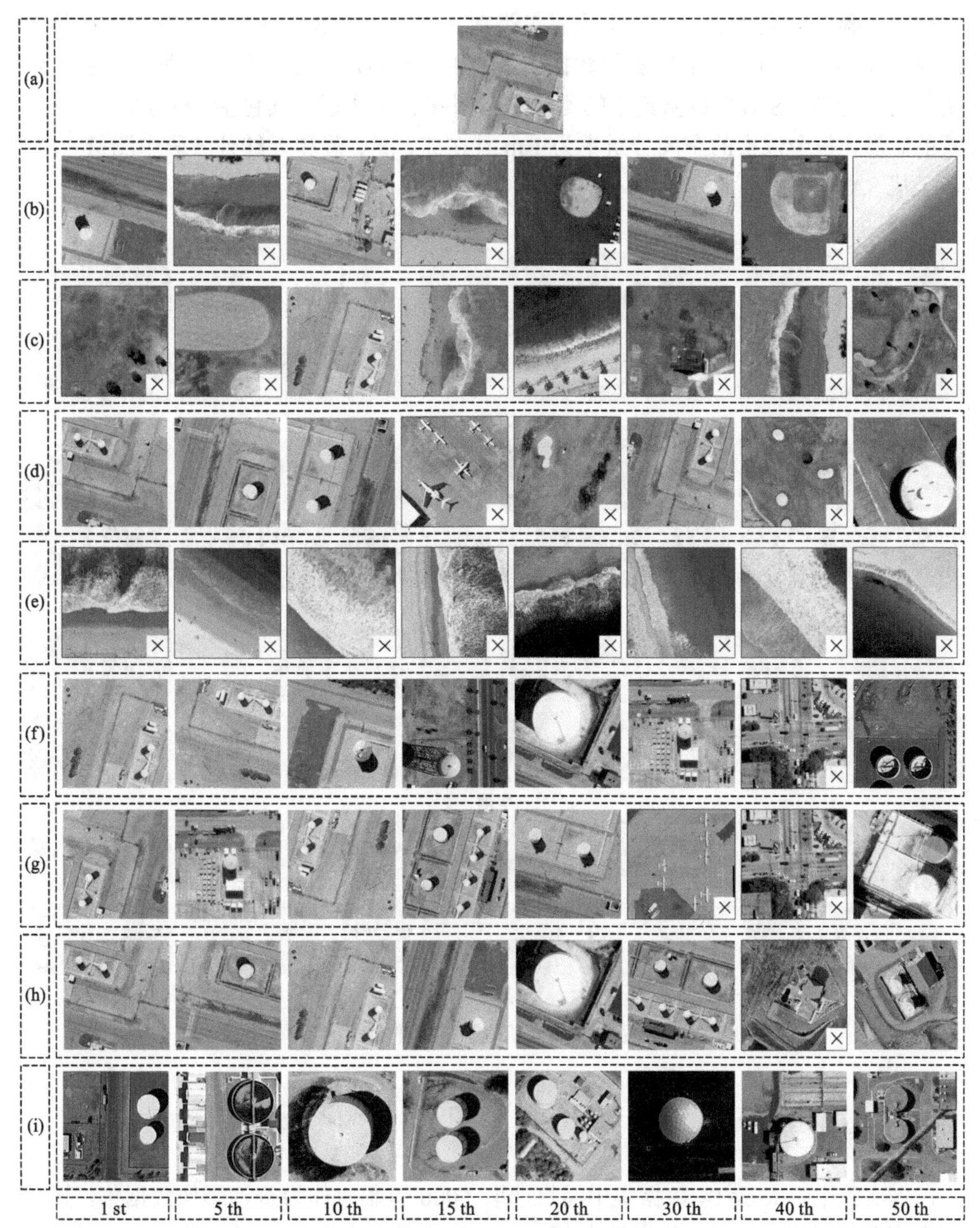

图 3.4 不同方法的影像检索结果

（a）包含储存罐的查询影像；（b）PRH 方法查询结果；（c）KSH 方法查询结果；（d）SDH 方法查询结果；（e）COSDISH 方法查询结果；（f）DHN 方法查询结果；（g）DSH 方法查询结果；（h）DPSH 方法查询结果；（i）DHNNs-L2 方法查询结果

每列分别表示各种方法第 1 次、第 5 次、第 10 次、第 15 次、第 20 次、第 30 次、第 40 次和第 50 次检索结果，错误的结果在此用“×”标记

3.3.3 基于充足标记样本数据集的实验结果分析

1. 评估数据集

此次实验中，采用基于 4 种土地覆盖类别（荒地、树木、草地和除前三类以外的所有土地覆盖类型）的公共卫星影像数据集 SAT4 来探讨联合学习深层特征表示和哈希映射函数的可行性。SAT4 数据集中的影像来自国家农业计划，其包括 500000 幅 28×28 像素的影像，每个像素的空间分辨率为 1 m 且在红、绿、蓝和近红外波段中测量。图 3.5 显示了从 SAT4 中提取的视觉样本。

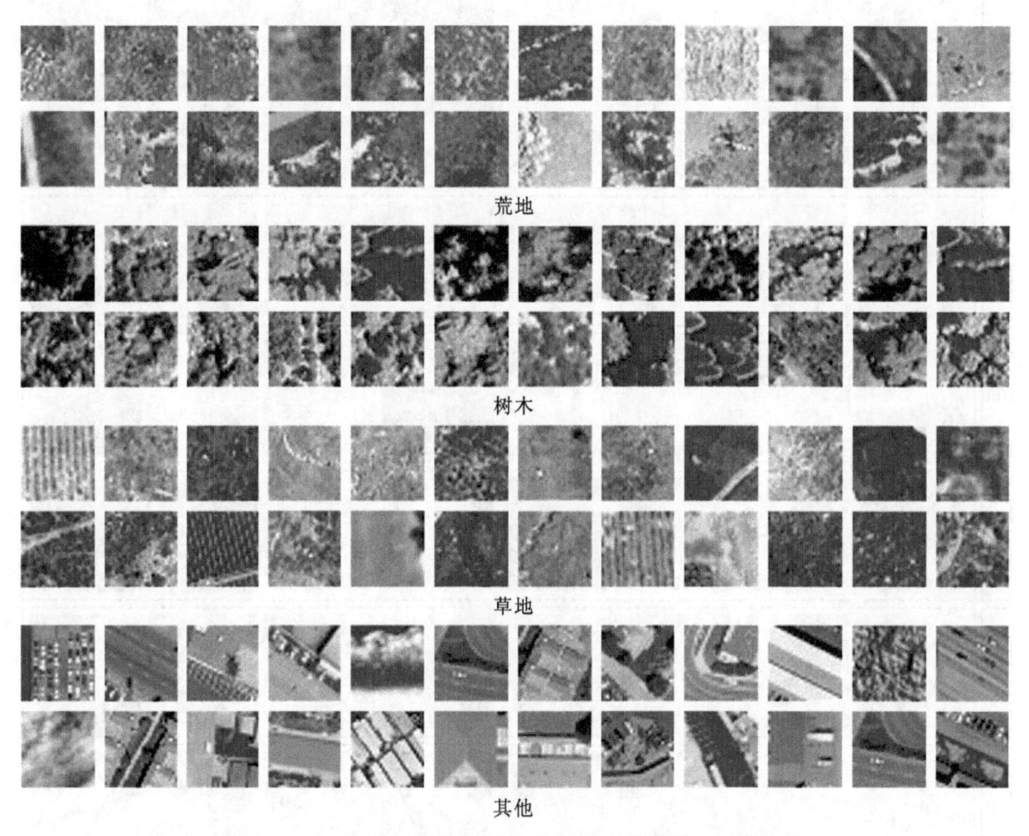

图 3.5 SAT4 数据集中随机选择的每个类别的 24 幅影像

2. 实验设置

在本实验中，从 SAT4 数据集中随机选取 1000 幅影像作为查询影像数据集，其余影像作为检索和训练数据集，总容量为 499000，该容量大小已足以用于对给定类型的卫星影像学习特定的深度学习网络。另外，查询和检索影像数据集将被进一步用于评估影像检索性能的结果。表 3.8 给出了专用于该数据集影像的 DFLNNs 体系结构。

表 3.8　SAT4 数据集上 DFLNNs 的结构

层	结构
卷积层 1	filter：32×5×5×4，stride1：1×1，pool：3×3，stride2：2×2
卷积层 2	filter：32×3×3×32，stride1：1×1，pool：3×3，stride2：2×2
卷积层 3	filter：64×3×3×32，stride1：1×1，pool：2×2，stride2：1×1
全连接层 4	128
全连接层 5	128

如表 3.8 所示，该结构包含三个卷积层和两个全连接层，与 ImageNet 相比相对紧凑。在所应用的实验环境下 DHNNs 的 DFLNNs 和 HLNNs 都是随机初始化的，此外可以基于算法 3-1 或算法 3-2 使用训练卫星影像数据集重新训练 DHNNs。

3. 实验结果

实验中使用 499 000 幅影像的训练数据集，采用不同的优化算法重新训练 DHNNs，为了便于区分优化算法，DHNNs-L1 表示由算法 3-1 优化的 DHNNs，DHNNs-L2 表示由算法 3-2 优化的 DHNNs。在哈希特征长度设置为 64 的情况下，表 3.9 和表 3.10 分别表示 DHNNs-L1 和 DHNNs-L2 在不同相似因子及正则化系数下的检索性能。

表 3.9　不同参数下 DHNNs-L1 在 SAT4 数据集上映射值

s	$\eta=1$	$\eta=10$	$\eta=100$	$\eta=1\,000$	$\eta=10\,000$
0.25	0.969 4	0.978 1	0.978 4	0.974 3	0.945 9
0.50	0.973 6	0.977 2	0.978 7	**0.979 3**	0.964 0
0.75	0.976 5	0.970 0	0.974 6	0.974 6	0.961 3
1.00	0.974 4	0.977 3	0.974 6	0.974 6	0.961 3

表 3.10　不同参数下 DHNNs-L2 在 SAT4 数据集上映射值

s	$\eta=1$	$\eta=10$	$\eta=100$	$\eta=1\,000$	$\eta=10\,000$
0.25	0.973 6	0.976 9	0.976 5	0.973 6	0.647 1
0.50	0.976 9	0.980 8	0.981 1	0.978 8	0.625 8
0.75	0.973 6	0.978 5	**0.981 9**	0.975 6	0.641 7
1.00	0.847 9	0.977 8	0.861 5	0.981 4	0.750 3

经对比分析可知，DHNNs-L2 的性能整体上优于 DHNNs-L1，且当相似度因子 s 设置为 0.75、正则化系数 η 等于 100 时，DHNNs-L2 获得最佳的遥感影像检索性能。

为了说明所采用的 DNHHs-L2 的优越性，引入以下 7 种最先进方法的准确性：PRH（Li et al.，2017b）、KSH（Demir et al.，2016）、SDH（Shen et al.，2015）、COSDISH（Kang et al.，2016）、DHN（Zhu et al.，2016a）、DSH（Liu et al.，2016）及 DPSH（Li et al.，2016a）。其中方法 PRH、KSH、SDH 和 COSDISH 使用 512 维 GIST 特征作为输入。表 3.11 列出了基于同一深度学习网络、哈希特征长度为 l=32、64、96 的情况下，不同方法在 SAT4 数据集上的映射值。相对于其他现有方法，本章所提出的 DHNNs-L2 实现了卫星影像检索性能的显著提高。

表 3.11　DHNNs-L2 及其他方法在 SAT4 数据集上映射值

l	PRH	KSH	SDH	COSDISH	DHN	DSH	DPSH	DHNNs-L2
32	0.393 3	0.528 0	0.568 1	0.611 0	0.932 1	0.859 5	0.955 4	**0.979 3**
64	0.388 1	0.510 3	0.557 4	0.671 4	0.939 1	0.921 2	0.954 9	**0.981 9**
96	0.394 6	0.513 3	0.583 0	0.719 2	0.943 1	0.934 1	0.956 1	**0.983 0**

为进一步说明 DHNNs-L2 检索的性能效果，绘制在哈希特征长度 l=32、64、96 时 DHNNs-L2 与其他方法的 PR 曲线，显然 DHNNs-L2 优于其他方法，如图 3.6 所示。

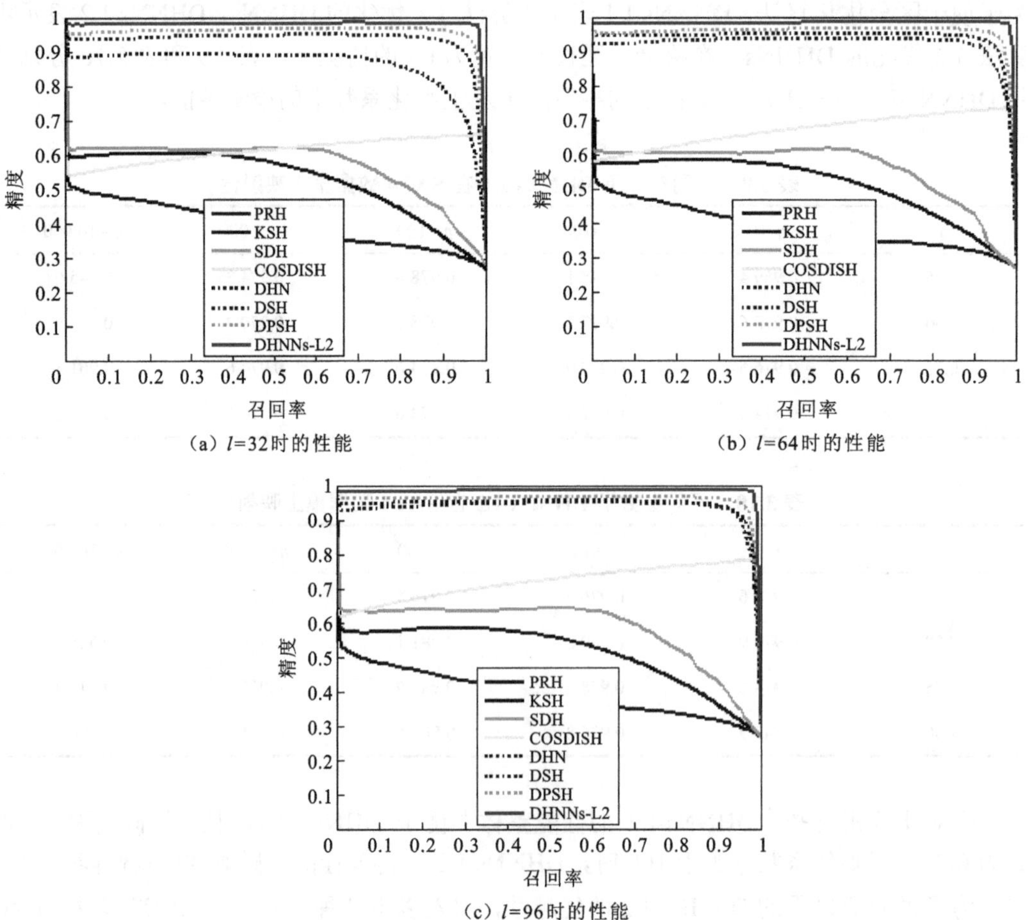

（a）l=32时的性能　（b）l=64时的性能

（c）l=96时的性能

图 3.6　在 SAT4 数据集上应用不同哈希特征长度 l 时，DHNNs-L2 和其他方法的性能

图 3.7 展示了 DHNNs-L2 与其他方法在哈希特征长度 $l=96$ 时的视觉检索结果。总体而言，定量和定性的结果均说明了本章所提出 DHNNs-L2 的优越性。

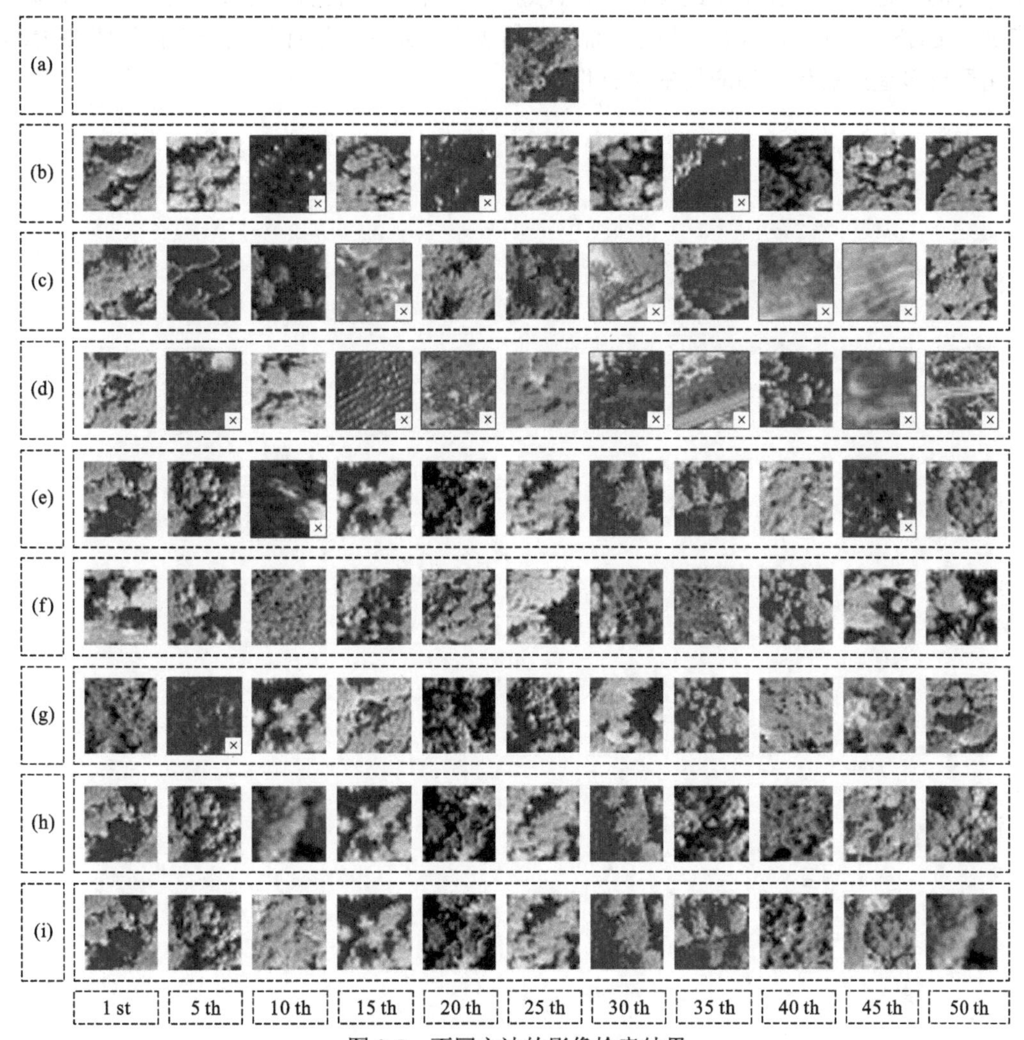

图 3.7　不同方法的影像检索结果

（a）包含树的查询影像；（b）PRH 方法查询结果；（c）KSH 方法查询结果；（d）SDH 方法查询结果；（e）COSDISH 方法查询结果；（f）DHN 方法查询结果；（g）DSH 方法查询结果；（h）DPSH 方法查询结果；（i）DHNNs-L2 方法查询结果

每列分别表示各种方法第 1 次、第 5 次、第 10 次、第 15 次、第 20 次、第 25 次、第 30 次、第 35 次、第 40 次、第 45 次和第 50 次检索结果，错误的结果在此用“×”标记

3.4　本 章 小 结

本章首次强调了相似性权重的重要性，而在现有工作中，相似性权重尚未引起重视且往往被设置为一个常数。为了扩展 DHNNs 的应用，将 DHNNs 应用于两个典型的遥感案例，其中遥感数据集包括有限数量的标记样本和大量的标记样本。针对这两种情况，

提出了设计和训练 DHNNs 的方法。在一个公共航拍影像数据集和一个公共卫星影像数据集上进行的大量实验表明，基于调整后的 DHNNs 的大规模遥感影像检索方法明显优于现有的先进方法。在未来的工作中，计划探索如何使用包含一定数量错误的标记数据来训练 DHNNs，降低在数据获取方面耗费的成本。此外，还计划进一步探讨将 DHNNs 应用于更多遥感影像解译应用的可行性。

第4章　基于跨模态深度哈希网络的跨源遥感影像场景检索

4.1　概　　述

随着遥感观测技术的快速发展，人们已经进入了遥感大数据时代（Ma et al.，2015）。尽管大数据为应对各种挑战提供了数据驱动的可能性，但传统的方法因其计算量大、复杂性高而并不适用于处理遥感大数据，一些新的理论与方法亟待探索。作为管理和挖掘遥感大数据的基本技术之一，基于内容的大规模遥感影像检索因其广泛的应用而越来越受到研究者的关注（Li et al.，2018c，2017d；Demir et al.，2016）。

通常大规模遥感影像检索可以分为两类：单源大规模遥感影像检索（uni-source large-scale remote sensing image retrieval，US-LSRSIR）和跨源大规模遥感影像检索（cross-source large-scale remote sensing image retrieval，CS-LSRSIR）。US-LSRSIR 即查询遥感影像和检索数据集中的影像来自相同的遥感数据源，CS-LSRSIR 则为检索与查询遥感影像内容相似但数据类型不同的遥感影像数据源。

US-LSRSIR 问题已经通过深度哈希网络得到了很好的解决，其主要是通过低维特征向量表示遥感影像的语义内容。尽管目前已有多种方法应用于解决单源大规模遥感影像检索问题，但由于数据移位，这些方法并不易于扩展到解决 US-LSRSIR 问题（Li et al.，2018c，2017d；　Liu et al.，2016；Demir et al.，2016；Shyu et al.，2007）。

CS-LSRSIR 问题目前还没有很好的解决办法。实际上，来自不同类型的遥感影像数据源的可用遥感影像不断增加，对跨源影像检索的研究需求也愈发迫切。

4.2　研 究 方 法

为了充分结合深度学习和哈希学习的优点，一些学者已提出使用深度哈希神经网络来自动学习特征表示的方法（Li et al.，2018c；Liu et al.，2016；Zhu et al.，2016a）。因为未考虑多源数据的特征，这些深度哈希神经网络并不能用于处理 CS-LSRSIR 问题。此外，在遥感领域不存在任何公开的多源数据集，设计一种新的双源遥感影像数据集（dual-source remote sensing image dataset，DSRSID），DSRSID 由两种数据源（全色影像和多光谱影像）组合而成，该数据集包含 8 个典型的土地覆盖类型和每类 10 000 个双样本。该数据集可以由式（4.1）表示：

$$D=\{(P_i,M_i,L_i)|\, i=1,2,\cdots,N\} \tag{4.1}$$

式中：D 为双样本集；i 为双样本的索引；N 为 DSRSID 的容量（即双样本的数量）；

$P_i \in R^{256\times256}$ 为全色影像；$M_i \in R^{64\times64\times4}$ 为多光谱影像；L_i 为土地覆盖类型。在本章中 $D=\{(P_i,M_i,L_i)\mid i=1,2,\cdots,N\}$ 被随机分为两个互不重叠的部分：训练数据集 $D_{\text{Tr}}^{U}=\{(P_i,M_i,L_i)\mid i=1,2,\cdots,V\}$ 和测试数据集 $D_{\text{Te}}^{U}=\{(P_i,M_i,L_i)\mid i=1,2,\cdots,Q\}$。其中 $N=V+Q$，V 是训练数据集的容量，Q 是测试数据集的容量。

4.2.1 跨模态深度哈希网络优化

基于自主设计的 DSRSID，提出源不变的深度哈希卷积神经网络（source-invariant deep hashing convolutional neural networks，SIDHCNNs）来解决 CS-LSRSIR 问题。SIDHCNNs 由两个具有不同架构的网络组成，这两个网络是基于来自两个不同数据源的遥感影像的空间-光谱分辨率专门设计的。具体而言，如图 4.1 所示，所提出的 CS-LSRSIR 方法由两个阶段组成：训练阶段和测试阶段。训练阶段负责训练 SIDHCNNs，测试阶段则基于 SIDHCNNs 进行跨源遥感影像检索。基于 DSRSID 中特定的遥感影像类型，为全色和多光谱影像设计两种不同的 DHCNNs，其中全色影像的 DHCNNs 称为 PAN-DHCNNs，多光谱影像的 DHCNNs 称为 MUL-DHCNNs，PAN-DHCNNs 和 MUL-DHCNNs 的组合构成 SIDHCNNs。

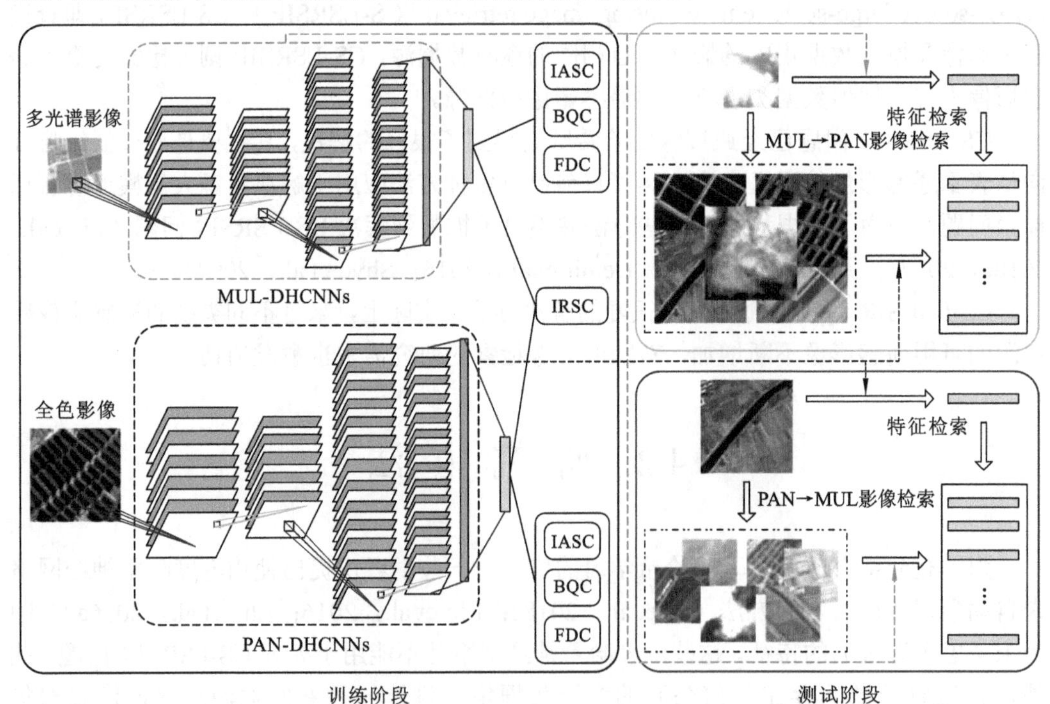

图 4.1 基于 SIDHCNNs 的 CS-LSRSIR 方法运行流程

为了使网络具有扩展性，SIDHCNNs 中包含哈希层，这使得其优化成为一个离散优化问题。因为 SIDHCNNs 旨在度量来自不同数据源的遥感影像之间的相似性，并且需要同时优化两个混合网络，所以相较于 US-LSRSIS（Li et al.，2018c），其还存在源偏移问题。本章提出一系列的优化约束以实现对 SIDHCNNs 的鲁棒优化，包括源间成对相似性约束（intersource pairwise similarity constraint，IRSC）、源内成对相似性约束

（intrasource pairwise similarity constraint，IASC）、二进制量化损失约束（binary quantization constraint，BQC）和特征分布约束（feature distribution constraint，FDC）。SIDHCNNs 的目标函数可以表示为

$$
\begin{aligned}
\min_{\Lambda^P,\Lambda^M,B} E = & \overbrace{\sum_{i,j=1}^{V}[-S_{i,j,1}^{U}\cdot\Omega_{i,j}^{U}+\ln(1+\Omega_{i,j}^{U})]}^{\text{IRSC}} \\
& +\alpha\cdot\overbrace{[\sum_{i,j=1}^{V}(-S_{i,j,1}^{P}\cdot\Omega_{i,j}^{P}+\ln(1+\Omega_{i,j}^{P}))]+\sum_{i,j=1}^{V}[-S_{i,j,1}^{M}\cdot\Omega_{i,j}^{M}+\ln(1+\Omega_{i,j}^{M})]}^{\text{IASC}} \\
& +\beta\cdot\overbrace{(\|F^P-B\|_F^2+\|F^M-B\|_F^2)}^{\text{BQC}}+\gamma\cdot\overbrace{(\|F^P\cdot 1\|_F^2+\|F^M\cdot 1\|_F^2)}^{\text{FDC}}
\end{aligned}
\tag{4.2}
$$

式中：Λ^P、Λ^M 分别为 PAN-DHCNNs 和 MUL-DHCNNs 的超参数（$\psi(P_i,\Lambda^P)\in R^l$ 为 PAN-DHCNNs 对全色影像 P_i 的特征表示；$\Upsilon(M_i,\Lambda^M)\in R^l$ 为 MUL-DHCNNs 对多光谱影像 M_i 的特征表示）；$F^P\in R^{l\times V}$ 中 $F_{*,i}^P=\Psi(P_i,\Lambda^P)$；$F^M\in R^{l\times V}$ 中 $F_{*,i}^M=\Upsilon(M_i,\Lambda^M)$；$\Omega_{i,j}^U=F_{*,i}^P\cdot F_{*,j}^M/2$、$\Omega_{i,j}^P=F_{*,i}^P\cdot F_{*,j}^P/2$、$\Omega_{i,j}^M=F_{*,i}^M\cdot F_{*,j}^M/2$；$\alpha,\beta,\gamma$ 为约束的权重；S^U 为源间相似性矩阵；S^P 为全色影像数据集上源内成对相似性矩阵；S^M 为多光谱影像数据集上的源间成对相似性矩阵。

具体优化计算过程见算法 4-1（表 4.1）。

表 4.1　算法 4-1

算法 4-1：学习 SIDHCNNs 的优化算法
输入：双源训练数据集 $D_{\text{Tr}}^U=\{(P_i,M_i,L_i)\mid i=1,2,\cdots,V\}$；成对相似性矩阵 S^U，S^P 及 S^M；约束权重 α，β 及 γ；最后一个哈希层的特征长度 l
输出：PAN-DHCNNs 及 MUL-DHCNNs 的超参数 Λ^P 和 Λ^M 及辅助的哈希特征 B
初始化：随机初始化超参数 Λ^P 和 Λ^M，mini-batch 的尺寸为 $V_P=V_M=128$，mini-batch 的数目分别为 $t_P=V/V_P$ 和 $t_M=V/V_M$，迭代次数为 $T=30$
当 $t=1,2,\cdots,T$ 重复
根据式（4.3）更新 B
当 $n=1,2,\cdots,t_P$ 重复
● 从 D_{Tr}^U 中随机抽取全色影像 V_P，构建一个 mini-batch；
● 计算 mini-batch 中每一张全色影像 P_i 的输出 $F_{*,i}^P=\Psi(P_i,\Lambda^P)$，并更新特征矩阵 $F^P\in R^{l\times V}$
● 基于由式（4.4）所计算的梯度，更新超参数 Λ^P
结束
当 $n=1,2,\cdots,t_M$ 重复
● 从 D_{Tr}^U 中随机抽取多光谱影像 V_M，构建一个 mini-batch；
● 计算 mini-batch 中每一张多光谱影像 M_j 的输出 $F_{*,j}^M=\Upsilon(M_j,\Lambda^M)$，并更新特征矩阵 $F^M\in R^{l\times V}$
● 基于由式（4.5）所计算的梯度，更新超参数 Λ^M
结束
结束

算法中所涉及的等式如下：

$$B = \mathrm{sign}(C) = \mathrm{sign}(\beta(F^P + F^M)) \tag{4.3}$$

$$\begin{aligned}\frac{\partial E}{\partial F_{*,i}^P} &= \frac{1}{2}\sum_{j=1}^{V}(\sigma(\Omega_{i,j}^U)F_{*,j}^M - S_{i,j}^U F_{*,j}^M) \\ &+ \alpha \cdot \sum_{j=1}^{V}(\sigma(\Omega_{i,j}^P)F_{*,j}^P - S_{i,j}^P F_{*,j}^P) + \beta \cdot (B_{*,i} - F_{*,i}^P) + \gamma \cdot (F^P \cdot 1)\end{aligned} \tag{4.4}$$

$$\begin{aligned}\frac{\partial E}{\partial F_{*,j}^M} &= \frac{1}{2}\sum_{i=1}^{V}(\sigma(\Omega_{i,j}^U)F_{*,i}^P - S_{i,j}^U F_{*,i}^P) \\ &+ \alpha \cdot \sum_{i=1}^{V}(\sigma(\Omega_{i,j}^M)F_{*,i}^M - S_{i,j}^M F_{*,i}^M) + \beta \cdot (B_{*,j} - F_{*,j}^M) + \gamma \cdot (F^M \cdot 1)\end{aligned} \tag{4.5}$$

4.2.2 基于跨模态深度哈希网络的跨源遥感影像场景检索算法

记多源遥感影像检索的两个子任务为跨源 PAN→MUL 检索任务和跨源 MUL→PAN 检索任务。跨源 PAN→MUL 检索任务以全色影像为查询影像，输出与查询影像内容相似的多光谱影像。跨源 MUL→PAN 检索任务以多光谱影像为查询影像，输出与查询影像内容相似的全色影像。为了便于理解，总结算法 4-2（表 4.2）中这两类子任务具体的计算过程。

表 4.2 算法 4-2

算法 4-2：基于 SIDHCNNs 的 CS-LSRSIR 方法
PAN→MUL：给定取自全色影像数据集 $D_{\mathrm{Te}}^P=\{(P_i,L_i)\mid i=1,2,\cdots,Q\}$ 的一张全色查询影像 P_i，从搜索多光谱数据集 $D_{\mathrm{Tr}}^M=\{(M_i,L_i)\mid i=1,2,\cdots,V\}$ 中获得相似的多光谱影像的过程如下：
● 通过表达式 $b=\mathrm{sign}(\Psi(P_i,\Lambda^P))$ 计算 P_i 的特征表示 $b\in R^l$
● 通过表达式 $B_{*,i}=\mathrm{sign}(\Upsilon(M_i,\Lambda^M))$ 计算 D_{Tr}^M 的特征表示 $B\in R^{l\times V}$
● 计算 b 和 B 之间的汉明距离
● 将汉明距离排序并输出最相似的影像
MUL→PAN：给定取自多光谱影像数据集 $D_{\mathrm{Te}}^M=\{(M_i,L_i)\mid i=1,2,\cdots,Q\}$ 的一张多光谱查询影像 M_i，从搜索全色数据集 $D_{\mathrm{Tr}}^P=\{(P_i,L_i)\mid i=1,2,\cdots,V\}$ 中获得相似的多光谱影像的过程如下：
● 通过表达式 $b=\mathrm{sign}(\Psi(P_i,\Lambda^P))$ 计算 M_i 的特征表示 $b\in R^l$
● 通过表达式 $B_{*,i}=\mathrm{sign}(\Psi(P_i,\Lambda^M))$ 计算 D_{Tr}^P 的特征表示 $B\in R^{l\times V}$
● 计算 b 和 B 之间的汉明距离
● 将汉明距离排序并输出最相似的影像

总的来说，SIDHCNNs 具有两个特性：源不变的特征表示能力；以二进制低维特征向量表示遥感影像。基于上述两个特性，本章所提出的 SIDHCNNs 能够在数据量规模庞大的情况下度量不同来源遥感影像的内容相似性，胜任具有挑战性的跨源大规模影像检索任务。

4.3 实验结果与分析

4.3.1 实验数据集与评价指标

本次实验采用自主设计的 DSRSID，训练和测试数据集都包含 8 种土地覆盖类型，训练数据共有 75000 个样本，测试数据集有 5000 个样本。在训练阶段，$D_{\mathrm{Tr}}^{U}=\{(P_i,M_i,L_i)\,|\,i=1,2,\cdots,V\}$ 被用于训练 SIDHCNNs 的超参数。在测试阶段 $D_{\mathrm{Te}}^{U}=\{(P_i,M_i,L_i)\,|\,i=1,2,\cdots,Q\}$ 是查询影像数据集，$D_{\mathrm{Tr}}^{U}=\{(P_i,M_i,L_i)\,|\,i=1,2,\cdots,V\}$ 是搜索影像数据集。图 4.2 为 DSRSID 中每种土地覆盖类型的三个双样本示例。CS-LSRSIR 的性能通过两个广泛采用的度量标准度量：平均精度（MAP）和精度-召回（PR）曲线。

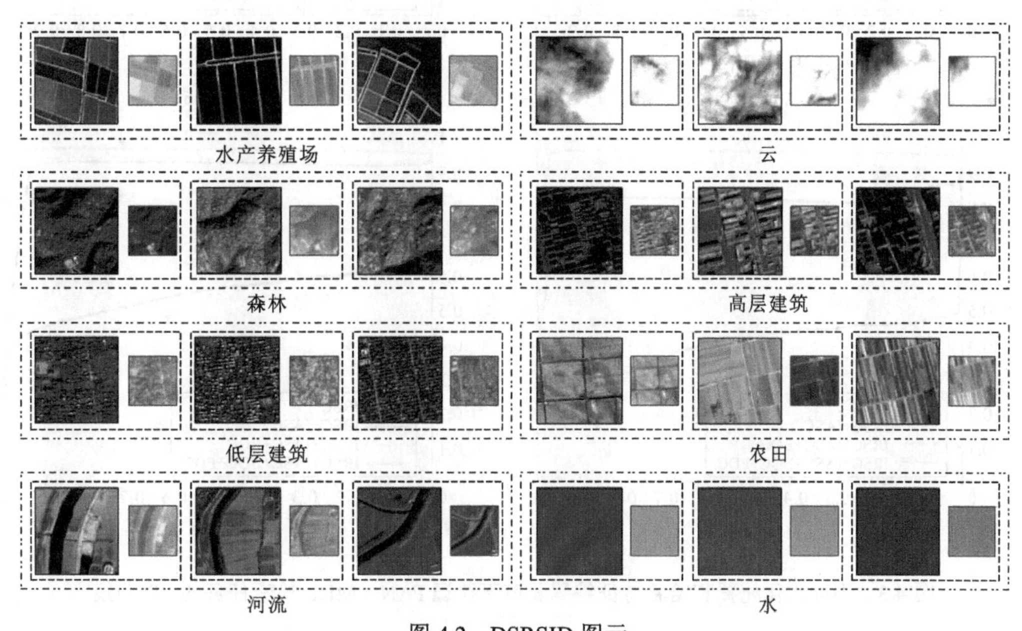

图 4.2　DSRSID 图示

在每种土地覆盖类型中，显示了三个随机抽样的双样本

尺寸较大的影像由全色传感器获取，尺寸较小的影像由多光谱传感器获取

4.3.2 约束项的有效性分析

为了证明式（4.2）中所提出约束的有效性，本小节定量评估所提出的 SIDHCNNs 在各种优化配置下的总体性能。主要考虑 4 种主要的优化配置：仅采用 IRSC，简称“IRSC”；IRSC 和 IASC 的组合，简称“IRSC+IASC”；IRSC、IASC 和 BQC 的组合，简写为“IRSC+IASC+BQC”；IRSC、IASC、BQC 和 FDC 的组合，简写为“IRSC+IASC+BQC+FDC”。在式（4.2）中“IRSC”即表示 $\alpha=0$，$\beta=0$，$\gamma=0$，“IRSC+IASC”表示 $\alpha=1$，$\beta=0$，$\gamma=0$，“IRSC+IASC+BQC”表示 $\alpha=1$，$\beta=1$，$\gamma=0$，

“IRSC+IASC+BQC+FDC”表示$\alpha=1$，$\beta=1$，$\gamma=1$。通过使用上述4种优化配置来优化网络，得出在PAN→MUL和MUL→PAN检索任务下的PR曲线。图4.3和图4.4的结果均反映了一个事实，即所采用的约束越多，获得的性能就越好。

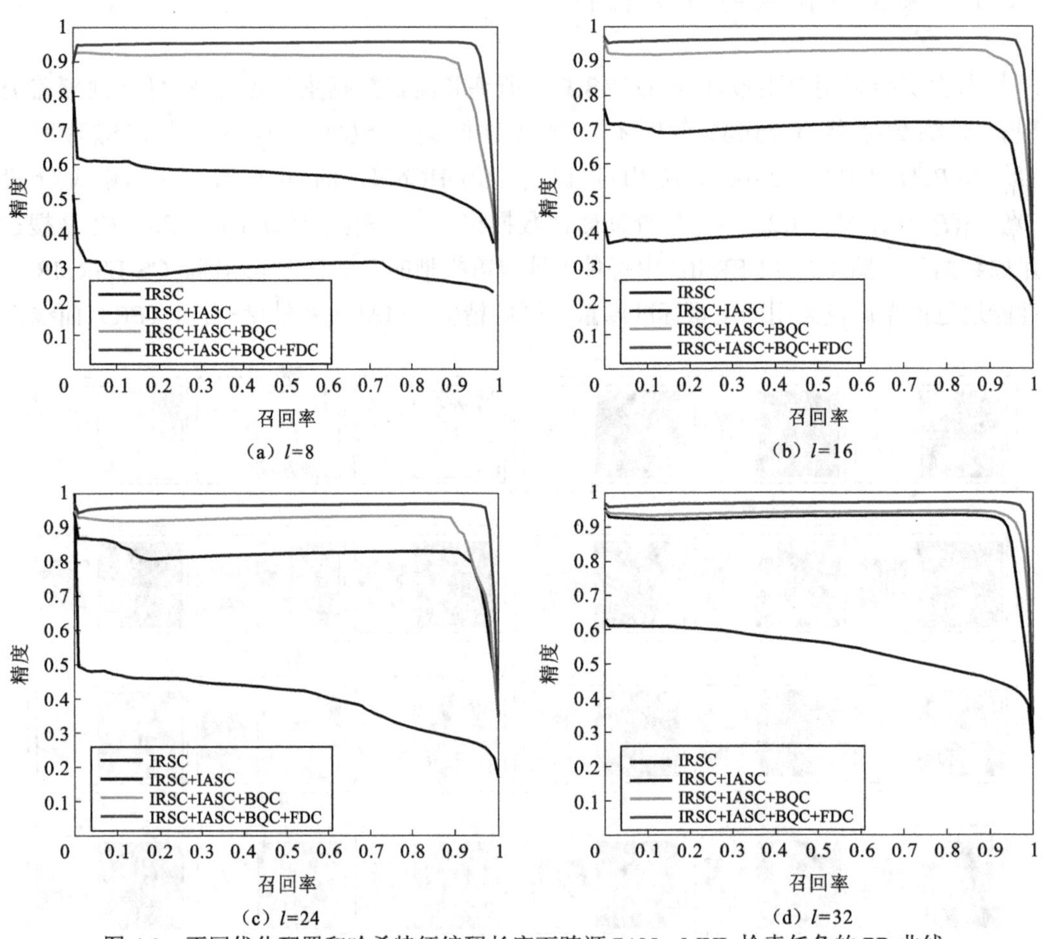

（a）l=8　（b）l=16　（c）l=24　（d）l=32

图4.3　不同优化配置和哈希特征编码长度下跨源PAN→MUL检索任务的PR曲线

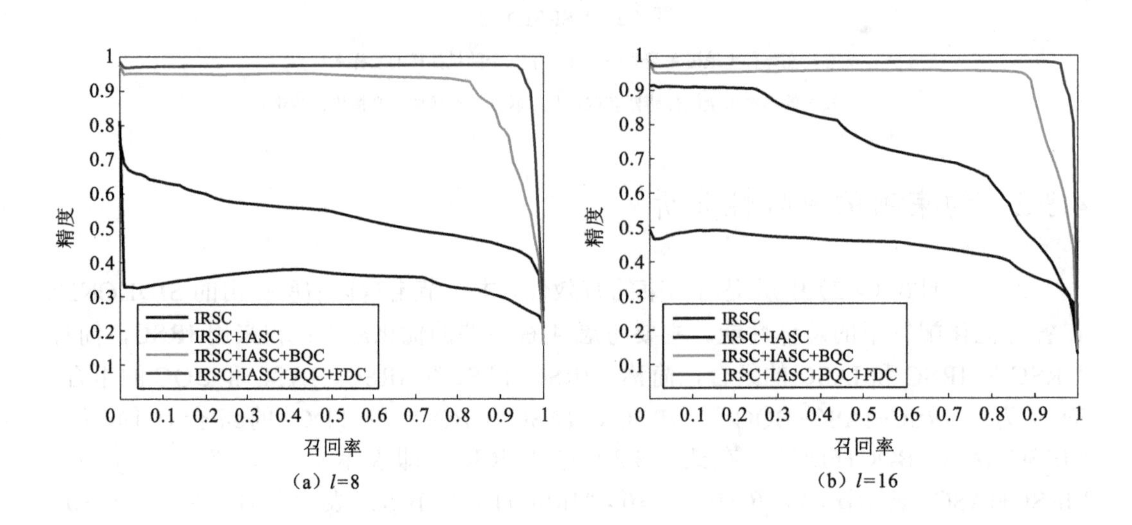

（a）l=8　（b）l=16

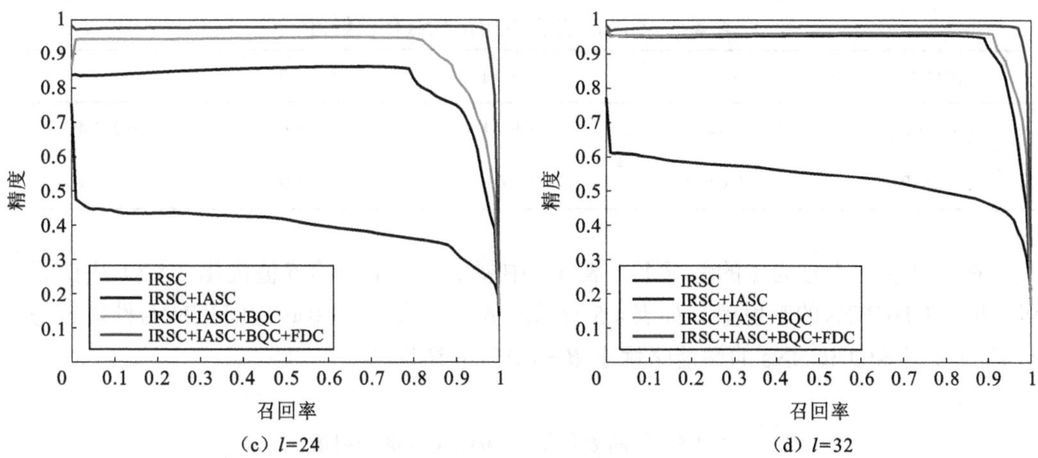

图 4.4　不同优化配置和哈希特征编码长度下跨源 MUL→PAN 检索任务的 PR 曲线

此外，为研究哈希特征编码长度对检索性能的影响，表 4.3 中还记录了在各种优化配置和哈希特征编码长度下，SIDHCNNs 的映射值。可见随着哈希特征编码长度的增加，本章所提出的约束均能使 SIDHCNNs 的性能稳定增长。

表 4.3　不同优化配置和哈希特征编码长度下的映射值

跨模态影像检索	优化配置	l=8	l=16	l=24	l=32
PAN→MUL	IRSC	0.290 3	0.362 3	0.398 2	0.544 1
	IRSC+IASC	0.558 7	0.698 6	0.816 4	0.913 1
	IRSC+IASC+BQC	0.896 7	0.913 2	0.907 9	0.933 2
	IRSC+IASC+BQC+FDC	0.943 3	0.955 0	0.957 7	0.963 6
MUL→PAN	IRSC	0.344 2	0.440 0	0.395 8	0.537 8
	IRSC+IASC	0.537 8	0.734 0	0.819 2	0.929 8
	IRSC+IASC+BQC	0.906 5	0.922 5	0.915 5	0.943 6
	IRSC+IASC+BQC+FDC	0.962 2	0.972 6	0.972 9	0.976 0

4.3.3　重要参数的敏感性分析

本节主要分析式（4.2）中α、β、γ在优化问题中的作用，由于训练深层网络非常耗时且难以验证整个参数空间，本节将采取控制变量法，在其余参数固定的情况下对每个参数进行敏感度分析。

在β和γ都设置为 1 的情况下，表 4.4 显示了使用不同的α值优化（4.2）中的目标函数时 SIDHCNNs 的性能。如表 4.4 所示，显然$\alpha=0$时性能最差，因为$\alpha=0$意味着在目标函数中未采用约束 IASC，另外$\alpha=1.0$时能使网络达到最佳性能。

表 4.4　不同 α 值下 SIDHCNNs 的映射值

跨源检索任务	$\alpha=0$	$\alpha=0.1$	$\alpha=1.0$	$\alpha=10$
PAN→MUL	0.849 3	0.907 1	0.963 6	0.913 4
MUL→PAN	0.851 3	0.916 0	0.976 0	0.929 1

在 α 和 γ 都设置为 1 的情况下，表 4.5 中展示了以不用的 β 值优化（4.2）中的目标函数时 SIDHCNNs 的映射值。如表 4.5 所示，$\beta=0.1$ 和 $\beta=1.0$ 时 SIDHCNNs 性能较好，且 $\beta=0.1$ 时 SIDHCNNs 的性能略优于 $\beta=1.0$ 时的结果。

表 4.5　不同 β 值下 SIDHCNNs 的映射值

跨源检索任务	$\beta=0$	$\beta=0.1$	$\beta=1.0$	$\beta=10$
PAN→MUL	0.958 7	0.964 3	0.963 6	0.961 6
MUL→PAN	0.973 8	0.978 9	0.976 0	0.974 5

在 α 和 β 分别设置为 1 和 0.1 的情况下，表 4.6 给出了在不同 γ 值优化下 SIDHCNNs 的映射值。当 $\gamma=1.0$ 时，SIDHCNNs 可以获得最佳性能。

表 4.6　不同 γ 值下 SIDHCNNs 的映射值

跨源检索任务	$\gamma=0$	$\gamma=0.1$	$\gamma=1.0$	$\gamma=10$
PAN→MUL	0.914 2	0.960 7	0.964 3	0.953 4
MUL→PAN	0.927 4	0.973 3	0.978 9	0.967 1

基于表 4.4～表 4.6 的结果可以看出，与 β 和 γ 相比，SIDHCNNs 对 α 更为敏感，因而在训练 SIDHCNNs 的时候应更加关注 α 的设置。

4.3.4　目标函数的收敛性分析

为了显示式（4.2）中目标函数的收敛过程，采用不同的迭代次数更新 SIDHCNNs，并使用学习后的 SIDHCNNs 显示影像的特征分布，以直观地反映目标函数的状态。在可视化实验中，从训练数据集中为每个类随机选择 100 个双样本，其中每个双样本由一幅全色影像和一幅多光谱影像组成。

通过使用 SIDHCNNs 中的 PAN-DHCNNs 可以计算全色影像的哈希特征，同理使用 SIDHCNNs 中的 MUL-DHCNNs 可以计算多光谱影像的哈希特征。此外，哈希特征通过 *t* 分布随机邻域嵌入（t-distributed scochastic neighbor embedding，t-SNE）算法映射到二维特征空间（van der Maaten et al.，2008）。图 4.5 表示在二维特征空间中的特征分布。

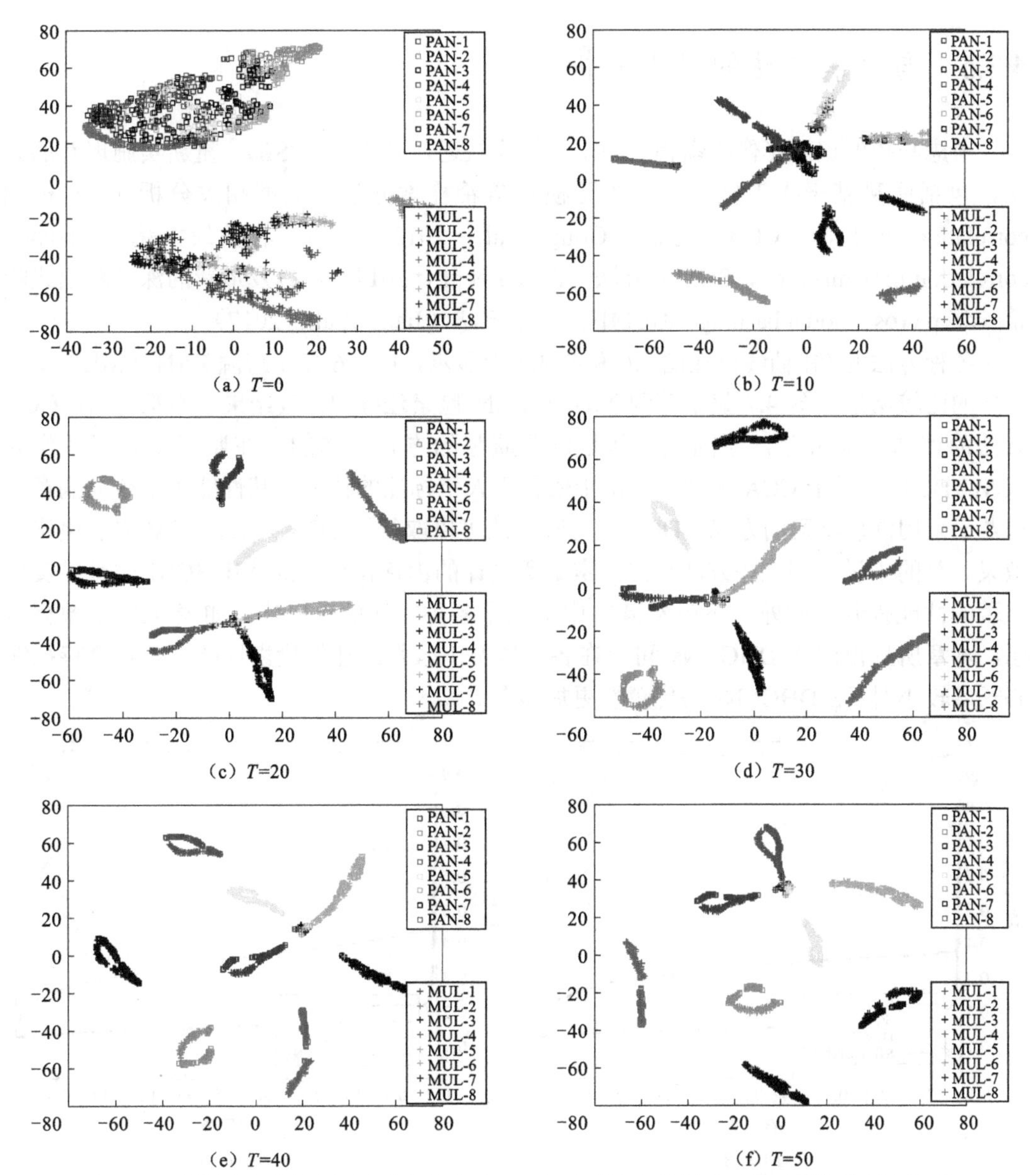

(a) T=0　(b) T=10　(c) T=20　(d) T=30　(e) T=40　(f) T=50

图 4.5　使用经过不同次数迭代优化的 SIDHCNN 实现全色和多光谱影像的特征可视化

T 为迭代次数，“PAN-1”“PAN-2”“PAN-3”“PAN-4”“PAN-5”“PAN-6”“PAN-7”“PAN-8”分别代表水产养殖场、云、森林、高层建筑、低层建筑、农田、河流、水的全色影像；
“MUL-1”“MUL-2”“MUL-3”“MUL-4”“MUL-5”“MUL-6”“MUL-7”和“MUL-8”分别表示水产养殖场、云、森林、高层建筑、低层建筑、农田、河流和水体的多光谱影像

在图 4.5（a）中 $T=0$ 意味着 SIDHCNNs 是随机初始化的，没有任何优化，源移位非常显著。可见随着迭代次数的增加，源偏移问题逐渐减小，经过 20 次或 20 次以上的迭代优化后，目标函数收敛到一个稳定状态，即全色影像的特征与多光谱影像对齐，每个类的影像特征分布在分离良好的聚类上。为了平衡性能和训练时间，将算法 4-1 中的迭代次数设置为 30。

4.3.5 与已有方法的对比分析

考虑与跨源遥感影像检索相关的研究较为缺乏，基于 DSRSID，重新实施现有的方法，包括两种基于人工标注特征的跨模式哈希检索方法、典型相关分析（canonical correlation analysis，CCA）方法（Gong et al.，2013）和语义相关最大化（semantic correlation maximization，SCM）方法（Zhang et al.，2014），以及最新的深度跨模式哈希（deep cross-modal hashing，DCMH）检索方法（Jiang et al.，2017）。

各种方法的 PR 曲线已在图 4.6 和图 4.7 中显示，图 4.6 显示跨源 PAN→MUL 检索任务的比较结果，图 4.7 显示跨源 MUL→PAN 检索任务的比较结果。不难看出，CCA 方法的评估性能最差，原因在于其是以非监督的方式工作的。在监督模式下运作的 SCM 方法性能优于 CCA 方法，但由于依赖于人工标注的特征，其性能仍不令人满意。得益于采用深度学习的方式，DCMH 检索方法可以取得比 CCA 方法、SCM 方法更优的效果。总的来说，和这些方法相比，本章所设计的由优化约束的 SIDHCNNs 可以实现显著的性能提升。此外，还在表 4.7 中总结了各种方法的映射值。如表 4.7 中数据所示，本章所提出的 SIDHCNNs 可以在各种情况下获得最佳的检索性能，当哈希特征编码长度较小时，SIDHCNNs 的优越性更加显著。

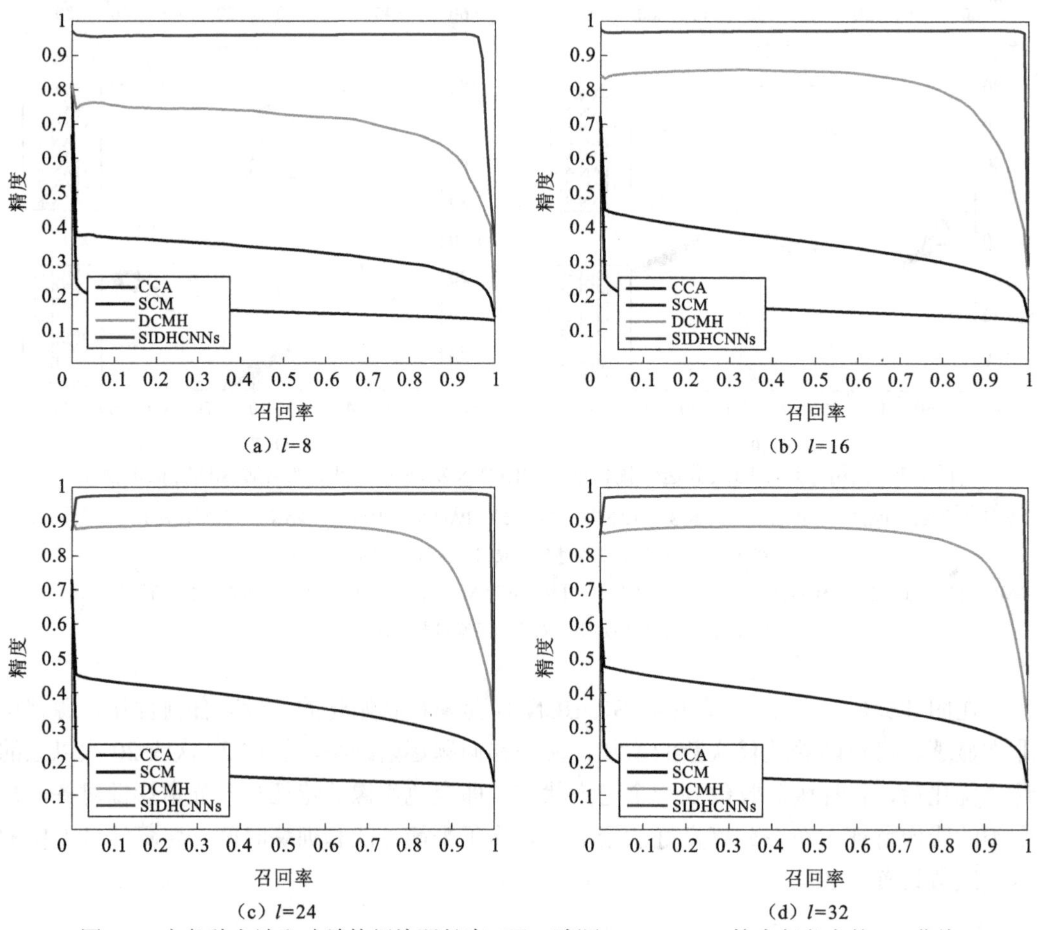

图 4.6 在各种方法和哈希特征编码长度 l 下，跨源 PAN→MUL 检索任务上的 PR 曲线

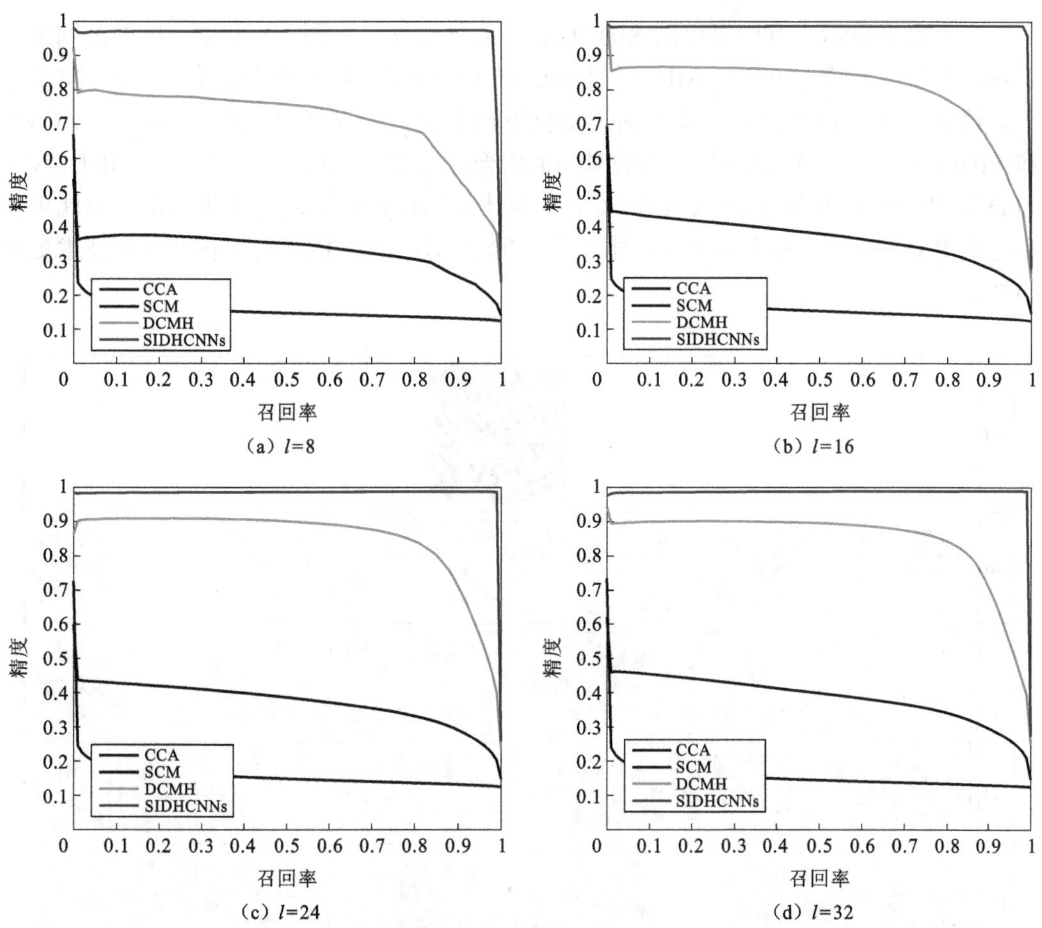

图 4.7　在各种方法和哈希特征编码长度 l 下，跨源 MUL→PAN 检索任务上的 PR 曲线

表 4.7　不同方法下的映射值和哈希特征编码的长度

跨源检索任务	方法	l=8	l=16	l=24	l=32
PAN→MUL	CCA	0.154 0	0.159 3	0.154 3	0.150 2
	SCM	0.324 0	0.347 2	0.361 8	0.376 7
	DCMH	0.700 9	0.807 6	0.848 8	0.850 9
	SIDHCNNs	0.947 3	0.955 2	0.964 1	0.964 3
MUL→PAN	CCA	0.153 8	0.159 4	0.154 6	0.150 5
	SCM	0.333 0	0.367 1	0.372 5	0.387 1
	DCMH	0.714 2	0.802 3	0.852 7	0.844 5
	SIDHCNNs	0.966 8	0.972 5	0.973 0	0.978 9

为了直观显示本章所提出的 SIDHCNNs 的优越性，在图 4.8 和图 4.9 中分别展示了各种方法在跨模态 PAN→MUL 和 MUL→PAN 检索任务上的检索结果。如图 4.8 所示，给定一幅由包含高层建筑类别的全色查询影像，分别通过 CCA、SCM、DCMH 和 SIDHCNNs 方法输出的最相似的多光谱影像。得益于深度网络的应用，SIDHCNNs 和 DCMH 的性能明显优于 CCA 和 SCM，并且 SIDHCNNs 表现得更为突出，由此可知在跨源 PAN→MUL 检索任务中，本章提出的 SIDHCNNs 能获得比各种潜在技术更好的性能。

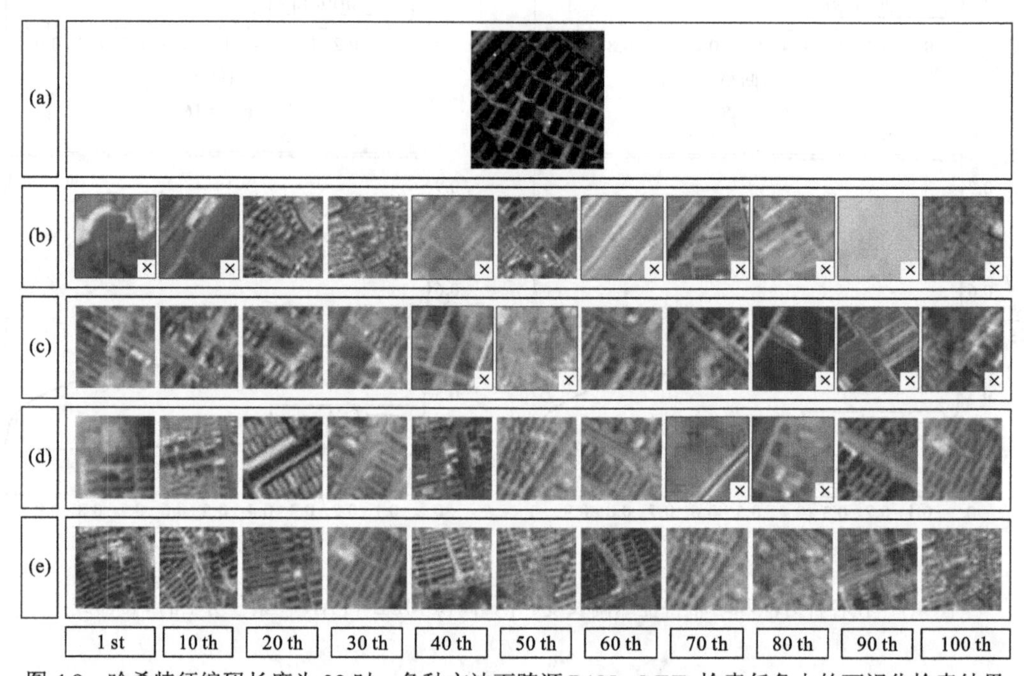

图 4.8　哈希特征编码长度为 32 时，各种方法下跨源 PAN→MUL 检索任务上的可视化检索结果

（a）包含高层建筑的全色查询影像；（b）CCA 方法输出的相似多光谱影像（Gong et al.，2013）；（c）SCM 方法输出的相似多光谱影像（Zhang et al.，2014）；（d）DCMH 方法输出的相似多光谱影像（Jiang et al.，2017）；（e）SIDHCNNs 方法输出的相似多光谱影像

每列分别表示各种方法第 1 次、第 10 次、第 20 次、第 30 次、第 40 次、第 50 次、第 60 次、第 70 次、第 80 次、第 90 次、第 100 次检索结果；图中用“×”标记与查询影像无关的错误检索结果

在图 4.9 中，给定一幅由包含河流场景的多光谱查询影像，分别通过 CCA、SCM、DCMH 和 SIDHCNNs 方法输出最相似的全色影像。与人工标注特征的方法（包括 CCA 和 SCM）相比，SIDHCNNs 和 DCMH 可以输出更为准确的检索结果。在给定的情况下，河流场景可能包含农田，但实际上农田与河流属于两个独立的类别。DCMH 因不能完全区分二者之间的差别而出现错分的现象。不同于上述方法，本章所提出的 SIDHCNNs 可以鲁棒地感知这些细微的差异，并在 MUL→PAN 检索任务上表现出较优的性能。

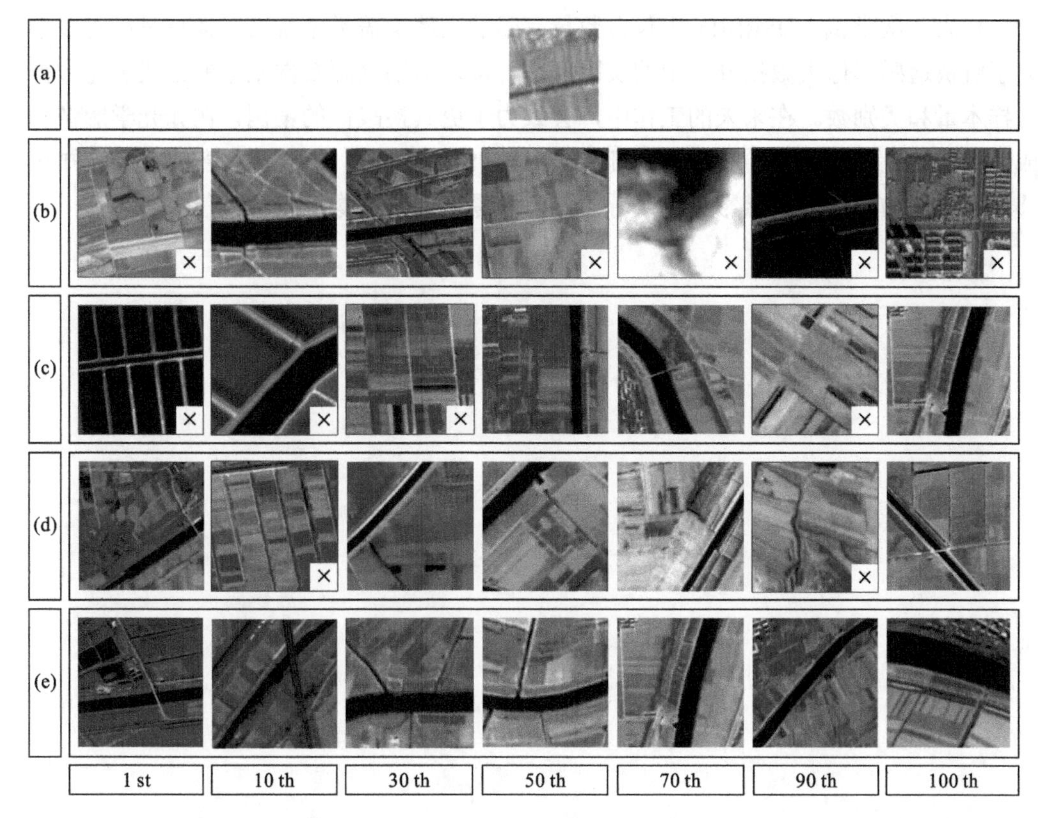

图 4.9 哈希特征编码长度为 32 时，各种方法下跨源 MUL→PAN 检索任务上的可视化检索结果

（a）包含河流的多光谱查询影像；（b）CCA 方法输出的相似全色影像（Gong et al.，2013）；（c）SCM 方法输出的相似全色影像（Zhang et al.，2014）；（d）DCMH 方法输出的相似全色影像（Jiang et al.，2017）；（e）SIDHCNNs 方法输出的相似全色影像

每列分别表示各种方法第 1 次、第 10 次、第 30 次、第 50 次、第 70 次、第 90 次、第 100 次检索结果；图中用“×”标记与查询影像无关的错误检索结果

4.4 本章小结

在挖掘遥感大数据的驱动下，本章首次揭示了跨模态大规模遥感影像检索的紧迫性与可能性。设计了一种新的可用于多源遥感影像分析技术的 DSRSID，并提出了可在一系列约束下端到端进行优化的 SIDHCNNs 以处理 CS-LSRSIR 问题。值得注意的是，本章提出的 SIDHCNNs 可以重新学习源不变特征表示并约简映射而不需要依赖于任何预处理模型。因此本章所提出的 SIDHCNNs 可以根据遥感数据的特点进行灵活设计并易于推广到更多的应用中。为了清晰地展示出 SIDHCNNs 的优越性，基于 DSRSID 重新实验了其他代表性的方法。在相同的实验环境下，SIDHCNNs 在定量和定性的性能方面均显著优于这些方法。

作为首次尝试，DSRSID 中包含数量有限的土地覆盖类型且其影像总量相对较小。为了解决遥感影像大数据分析中的实际问题，可以借助众源数据采集的方式扩充数据集的样本量和类别数。在未来的工作中，会致力于更具挑战性的案例，例如光学影像和合成孔径雷达之间的跨源检索。此外还将尝试将 SIDHCNNs 扩展到更多的跨领域知识迁移问题，例如跨领域遥感影像场景分类任务和零次遥感影像场景分类任务。

第 5 章 基于容错性深度学习的遥感影像场景分类

5.1 概 述

与传统的遥感影像像素级分类（Luo et al.，2019；Jia et al.，2018；Yuan et al.，2017；Yuan et al.，2016；Li et al.，2014）不同，遥感影像场景分类（Cheng et al.，2017；Du et al.，2017；Li et al.，2016b；Yang et al.，2011）旨在通过感知场景（即一个影像块）中的物体及其空间关系来预测场景的语义类别。遥感影像场景分类在地理空间目标检测（Huang et al.，2018；Li et al.，2018a，2017c；Tan et al.，2018）、基于内容的影像检索（Li et al.，2017b；Li et al.，2018c；Demir et al.，2016；Li et al.，2016c；Yang et al.，2013）等应用中都显示出了巨大的潜力。到目前为止，已经有大量计算方法被提出并用于解决遥感影像场景分类问题。深度卷积神经网络（deep convolutional neural network，DCNN）作为深度学习的一种经典类型（Cheng et al.，2018；Gong et al.，2018；Wang et al.，2017；LeCun et al.，2015；Krizhevsky et al.，2012；Hinton et al.，2006），在计算机视觉领域中得到广泛应用的同时，在遥感影像场景分类任务中也取得了巨大的成功（Cheng et al.，2018；Gong et al.，2018；Wang et al.，2017），并显著优于传统的基于手工特征的遥感影像场景分类方法。

众所周知，深度学习的优异性能依赖于大量准确标签的样本（Cheng et al.，2018；Gong et al.，2018；Wang et al.，2017；LeCun et al.，2015；Krizhevsky et al.，2012；Hinton et al.，2006）。如果训练数据集的标签包含一定程度的错误，深度学习的性能将不可避免地退化（Jiang et al.，2018）。在遥感大数据时代，原始数据易于收集，但对大量数据进行标注才是真正的挑战。为了加速数据标注的过程，目前发展出了两类贪婪的遥感影像场景标注方法（Li et al.，2018a；Li et al.，2017a）。前一类方法（Li et al.，2018a）首先将原始数据集中的大量样本通过自动算法聚合成有限数量的类别，然后对数据集进行逐类别人工标注，而非传统方法采用的逐样本人工标注。在完成遥感影像和地理空间数据之间的地理坐标配准后，后一类方法（Li et al.，2017a）利用众源地理空间语义信息（例如 OSM 中的兴趣点）来标注遥感影像场景。这两类方法都节省了大量人工标注工作，但会不可避免地带来错误标签。含噪声但低成本的遥感影像场景数据集的价值尚未被意识到并挖掘，含噪声的遥感影像场景数据集能否用于深度学习的训练还值得更多探索。

在学术界，计算机视觉领域的研究人员提出了大量容错性深度学习（error-tolerant deep learning，ETDL）方法（Yuan et al.，2018；Ghosh et al.，2017；Wu et al.，2017；

Jindal et al.，2016；Xiao et al.，2015；Reed et al.，2014），以减轻从网络资源中贪婪收集的自然影像数据集中不准确标签的不利影响。然而，针对错误标签情况下的遥感影像场景分类的研究工作还相当少。与自然影像相比，遥感影像通常显示出更复杂的光谱和结构信息（Li et al.，2015a），因此无法简单地使用现有的自然影像容错性深度学习方法（Yuan et al.，2018；Ghosh et al.，2017；Wu et al.，2017；Jindal et al.，2016；Xiao et al.，2015；Reed et al.，2014）来解决遥感领域中的容错性学习问题。可以看出，研究遥感特定的容错性深度学习技术以最大限度地发挥含噪声但低成本的遥感影像场景数据集潜力的需求已经十分紧迫。

基于上述考虑，本章提出一种面向遥感影像场景分类的容错性深度学习（remote seneing image scene classification ETDL，RS-ETDL）方法，以从含噪声的遥感影像场景数据集中学习鲁棒的遥感影像场景分类模型。具体地，本章所提出的 RS-ETDL 方法以迭代的方式进行，每个迭代步骤包括使用多个从原始数据集（或迭代净化后的数据集）中随机采样的非重叠子数据集学习多视角深度卷积神经网络，以及通过使用学习的深度卷积神经网络来纠正原始数据集的潜在错误标签。为了追求纠错过程的高效性，本章提出一种新的多特征协同表示分类器（multifeature collaborative representation classifier，MF-CRC），该分类器以学习深度卷积神经网络的中间特征为输入，用于纠正含噪声的数据集。作为回报，纠正后的数据集有利于学习更好的深度卷积神经网络，进而改善 MF-CRC 的输入，并进一步提高纠错过程的效果。值得注意的是，本章提出的 MF-CRC 可以根据深度卷积神经网络的相对重要性自适应地采用深度卷积神经网络的中间特征。在含噪声的遥感影像场景数据集上进行的大量实验结果表明，本章所提出的 RS-ETDL 方法明显优于多个基线方案，包括最新的技术。

5.2 研 究 方 法

5.2.1 多特征协同表示分类器

假设可以通过一个特征提取函数（例如手工特征的提取器或预训练深度网络的全连接层），使遥感影像场景分类任务转化为特征分类问题。特征分类可以自然地通过经典的支持向量机（Chang et al.，2011）来解决，它以即使在一小部分标记样本的监督下也具有稳定的性能而闻名。然而，当标记的样本数目进一步减少，支持向量机的性能可能会急剧退化。考虑本章提出的 RS-ETDL 框架的需求（即在有限数量标记样本的监督下学习鲁棒的特征分类器），必须使用更强大的特征分类器。从特征表示的角度，协同表示分类器（collaborative representation classifier，CRC）被提出来应对更具挑战性的小样本问题（Zhang et al.，2012，2011）。为了准确表示测试样本，CRC 倾向于用全部类别的样本去协同表示测试样本。现有的 CRC 主要考虑单一特征的情况（Zhang et al.，2012，2011）。实际上，一个样本可以被多个异构特征描述，而不同特征的有效性是无法预知的。直观地，可以通过自适应组合多个异构特征来合理预期协同表示分类器的优越性能。下面详细介绍 MF-CRC。

假设拥有 M 个特征生成器。训练数据集包括 N 个带有 C 类的遥感影像场景，其中每个遥感影像场景都可以用 M 种特征类型表示。$\boldsymbol{X}=\{\boldsymbol{X}^1,\boldsymbol{X}^2,\cdots,\boldsymbol{X}^M\}$ 代表训练数据集中遥感影像场景的特征集，其中 $\boldsymbol{X}^v\in\mathbf{R}^{d_v\times N}$ 表示遥感影像场景使用第 v 种特征的特征矩阵，d_v 表示第 v 种特征的特征维度，N 表示训练遥感影像场景的数量。此外，每种特征矩阵 $\boldsymbol{X}^v\in\mathbf{R}^{d_v\times N}$ 也遵循这样的排列 $\boldsymbol{X}^v=[\boldsymbol{X}_1^v,\boldsymbol{X}_2^v,\cdots,\boldsymbol{X}_C^v]$，其中，$\boldsymbol{X}_i^v$ 表示第 i 类遥感影像场景的第 v 种特征矩阵，$\boldsymbol{X}_i^v$ 的每列代表第 i 类遥感影像场景的第 v 种特征向量。

$\boldsymbol{y}=\{\boldsymbol{y}_1,\boldsymbol{y}_2,\cdots,\boldsymbol{y}_M\}$ 表示一个测试遥感影像场景的特征集，其中 $\boldsymbol{y}_v\in\mathbf{R}^{d_v\times 1}$ 表示第 v 种特征，d_v 代表第 v 种特征的特征维度。本章提出的 MF-CRC 可以通过以下三个步骤基于 $\boldsymbol{X}=\{\boldsymbol{X}^1,\boldsymbol{X}^2,\cdots,\boldsymbol{X}^M\}$ 恢复 $\boldsymbol{y}=\{\boldsymbol{y}_1,\boldsymbol{y}_2,\cdots,\boldsymbol{y}_M\}$ 的标签。

1. 计算表示系数向量

给定一个测试遥感影像场景，基于 M 个特征生成器，可以计算其对应的特征集 $\boldsymbol{y}=\{\boldsymbol{y}_1,\boldsymbol{y}_2,\cdots,\boldsymbol{y}_M\}$。如果想要得到测试特征集 $\boldsymbol{y}=\{\boldsymbol{y}_1,\boldsymbol{y}_2,\cdots,\boldsymbol{y}_M\}$ 的标签，可以通过优化以下损失函数，沿着训练特征集 $\boldsymbol{X}=\{\boldsymbol{X}^1,\boldsymbol{X}^2,\cdots,\boldsymbol{X}^M\}$ 计算其表示系数向量 $\boldsymbol{\rho}\in\mathbf{R}^{N\times 1}$：

$$\min_{\boldsymbol{\rho},\boldsymbol{w}} f(\boldsymbol{\rho},\boldsymbol{w}):=\sum_{v=1}^{M} w_v\frac{\|\boldsymbol{y}_v-\boldsymbol{X}^v\boldsymbol{\rho}\|_2^2}{d_v}+\alpha\|\boldsymbol{w}\|_2^2+\beta\|\boldsymbol{\rho}\|_2^2\quad \text{s.t. } 0\leqslant w_v\leqslant 1,\ \sum_{v=1}^{M}w_v=1 \tag{5.1}$$

式中：$\boldsymbol{w}=[w_1,w_2,\cdots,w_M]$ 为不同特征的权重向量；α 和 β 为正则化常数。

如式（5.1）所示，特征权重向量 $\boldsymbol{w}$ 和表示系数向量 $\boldsymbol{\rho}$ 相互交叉优化，带来了没有简单闭式解的非凸问题。但是当式（5.1）中的特征权重向量 $\boldsymbol{w}$ 确定，可以得到一个闭式解来计算表示系数向量。当表示系数向量 $\boldsymbol{\rho}$ 更新并确定后，针对特征权重向量的目标函数是二次规划，可以通过经典的约束二次优化算法进行优化。考虑这一点，采用迭代交替优化方法来确定特征权重向量和表示系数向量。特别地，在第 k 步，通过式（5.2）更新表示系数向量：

$$\begin{aligned}\boldsymbol{\rho}(k)&=\arg\min_{\boldsymbol{\rho}} f(\boldsymbol{\rho},\boldsymbol{w}(k-1))\\&=\left(\sum_{v=1}^{M}w_v(k-1)\frac{(\boldsymbol{X}^v)^{\mathrm{T}}\boldsymbol{X}^v}{d_v}+\beta\boldsymbol{I})^{-1}\sum_{v=1}^{M}w_v(k-1)\frac{(\boldsymbol{X}^v)^{\mathrm{T}}\boldsymbol{y}_v}{d_v}\right)\end{aligned} \tag{5.2}$$

式中：$\boldsymbol{I}$ 为单位矩阵。

然后通过式（5.3）更新特征权重向量：

$$\boldsymbol{w}(k)=\arg\min f(\boldsymbol{\rho}(k),\boldsymbol{w}),\qquad \text{s.t. } 0\leqslant w_v\leqslant 1,\sum_{v=1}^{M}w_v=1 \tag{5.3}$$

值得注意的是，式（5.3）可以通过使用现成的二次规划求解器有效地求解。算法 5-1（表 5.1）描述了完整的求解过程。下面将给出算法 5-1 的收敛性保证及其证明过程。

表 5.1　算法 5-1

算法 5-1　求解式（5.1）的交替最小化过程
输入：训练特征集 $\boldsymbol{X}=\{\boldsymbol{X}^1,\boldsymbol{X}^2,\cdots,\boldsymbol{X}^M\}$，测试特征集 $\boldsymbol{y}=\{\boldsymbol{y}_1,\boldsymbol{y}_2,\cdots,\boldsymbol{y}_M\}$
输出：优化所得特征权重向量 $\overline{\boldsymbol{w}}$，优化所得表示系数向量 $\overline{\boldsymbol{\rho}}$
初始化：$\boldsymbol{w}(0)=[w_1(0),w_2(0),\cdots,w_M(0)]$（例如 $w_1(0)=\cdots=w_M(0)=1/M$）
当 k=1：K 重复
通过 $\boldsymbol{\rho}(k)=\arg\min_{\rho} f(\boldsymbol{\rho},\boldsymbol{w}(k-1))$ 更新表示系数向量
通过 $\boldsymbol{w}(k)=\arg\min_{w} f(\boldsymbol{\rho}(k),\boldsymbol{w})$ 更新特征权重向量
结束
$\overline{\boldsymbol{w}}=\boldsymbol{w}(K)$，$\overline{\boldsymbol{\rho}}=\boldsymbol{\rho}(K)$

算法 5-1 的收敛性：令序列 $\{(\boldsymbol{\rho}(k),\boldsymbol{w}(k))\}$ 为算法 5-1 得到的结果，则序列 $\{(\boldsymbol{\rho}(k),\boldsymbol{w}(k))\}$ 满足以下条件。

（1）序列是正则的，且服从充分递减。

$$f(\boldsymbol{\rho}(k),\boldsymbol{w}(k))-f(\boldsymbol{\rho}(k+1),\boldsymbol{w}(k+1))\geqslant\alpha\|\boldsymbol{w}(k)-\boldsymbol{w}(k+1)\|^2+\beta\|\boldsymbol{\rho}(k)-\boldsymbol{\rho}(k+1)\|^2 \quad (5.4)$$

（2）序列是有界的，且收敛于式（5.1）的驻点。

下面首先给出一些必要的定义，再基于定义给出定理的证明过程。

定理　令 $\psi:\mathbf{R}^N\to\mathbf{R}\cup\infty$ 为一个适当的下半连续函数，有

（1）ψ 的定义域由 $\operatorname{dom}\psi:=\{\boldsymbol{x}\in\mathbf{R}^Q:\psi(\boldsymbol{x})<\infty\}$ 定义。

（2）对于任意 $\boldsymbol{x}\in\operatorname{dom}\psi$ 且 $\partial\psi(\boldsymbol{x})\neq 0$ if $\boldsymbol{x}\notin\operatorname{dom}\psi$，次微分 $\partial\psi$ 可定义为

$$\partial\psi(\boldsymbol{x})=\{z:\lim_{y\to x}\ \inf\frac{\psi(\boldsymbol{y})-\psi(\boldsymbol{x})-\langle z,\boldsymbol{y}-\boldsymbol{x}\rangle}{\|\boldsymbol{x}-\boldsymbol{y}\|}\geqslant 0\} \quad (5.5)$$

（3）对于任意 $\boldsymbol{x}\in\operatorname{dom}\psi$，如果满足 $\boldsymbol{0}\notin\partial\psi$，则称 $\boldsymbol{x}$ 为 ψ 的驻点。

保证收敛性的一个重要条件为目标函数中的 f 关于 $\boldsymbol{w}$ 或 $\boldsymbol{\rho}$ 是强凸的，即

$$\begin{cases} f(\boldsymbol{\rho},\boldsymbol{w})-f(\boldsymbol{\rho}',\boldsymbol{w})\geqslant(\boldsymbol{\rho}-\boldsymbol{\rho}')^{\mathrm{T}}\nabla_{\rho}f(\boldsymbol{\rho}',\boldsymbol{w})+\beta\|\boldsymbol{\rho}-\boldsymbol{\rho}'\|^2 \\ f(\boldsymbol{\rho},\boldsymbol{w})-f(\boldsymbol{\rho},\boldsymbol{w}')\geqslant(\boldsymbol{w}-\boldsymbol{w}')^{\mathrm{T}}\nabla_{w}f(\boldsymbol{\rho},\boldsymbol{w}')+\alpha\|\boldsymbol{w}-\boldsymbol{w}'\|^2 \end{cases} \quad (5.6)$$

另一个条件为，f 在 $(\boldsymbol{\rho},\boldsymbol{w})$ 有界时是 Lipschitz 光滑的，即对于任意 $\boldsymbol{w}\in W$ 和有界的 $\boldsymbol{\rho}$，存在 L 使 $\|\nabla^2 f(\boldsymbol{\rho},\boldsymbol{w})\|\leqslant L$，其中 $W:=\{\boldsymbol{w}\in\mathbf{R}^M:0\leqslant w_v\leqslant 1,\sum_{v=1}^{M}w_v=1\}$。

1）定理中（1）的证明

由式（5.2）的定义，有

$$f(\boldsymbol{\rho}(k),\boldsymbol{w}(k))-f(\boldsymbol{\rho}(k+1),\boldsymbol{w}(k))\geqslant\beta\|\boldsymbol{\rho}(k)-\boldsymbol{\rho}(k+1)\|_2^2 \quad (5.7)$$

如式（5.6）中，$f(\boldsymbol{\rho},\boldsymbol{w}(k))$ 是强凸的，因而不等式成立。

同样地，由式（5.3）的定义，有

$$f(\boldsymbol{\rho}(k+1),\boldsymbol{w}(k))-f(\boldsymbol{\rho}(k+1),\boldsymbol{w}(k+1))\geqslant\alpha\|\boldsymbol{w}(k)-\boldsymbol{w}(k+1)\|_2^2 \quad (5.8)$$

如式（5.6）中，$f(\boldsymbol{\rho}(k+1),\boldsymbol{w})$ 是强凸的且 W 是凸的，因而不等式成立。联合式（5.7）和式（5.8）可得

$$f(\boldsymbol{\rho}(k),\boldsymbol{w}(k))-f(\boldsymbol{\rho}(k+1),\boldsymbol{w}(k+1))\geqslant\alpha\|\boldsymbol{w}(k)-\mathbf{w}(k+1)\|^2+\beta\|\boldsymbol{\rho}(k)-\boldsymbol{\rho}(k+1)\|^2 \quad (5.9)$$

由于 $f(\boldsymbol{\rho},\boldsymbol{w})\geqslant 0$，式（5.9）说明 $\{f(\boldsymbol{\rho}(k),\boldsymbol{w}(k))\}$ 递减，因此其收敛。

将式（5.9）中的所有 k 从 0 到无穷求和可得

$$\sum_{k=0}^{\infty}\|\boldsymbol{w}(k)-\boldsymbol{w}(k+1)\|^2+\|\boldsymbol{\rho}(k)-\boldsymbol{\rho}(k+1)\|^2\leqslant\frac{1}{\min\{\alpha,\beta\}}f(\boldsymbol{\rho}(0),\boldsymbol{w}(0)) \tag{5.10}$$

进一步地，式（5.10）说明 $(\boldsymbol{\rho}(k),\boldsymbol{w}(k))$ 是正则的：

$$\lim_{k\to\infty}\|\boldsymbol{w}(k)-\boldsymbol{w}(k+1)\|^2+\|\boldsymbol{\rho}(k)-\boldsymbol{\rho}(k+1)\|^2=0 \tag{5.11}$$

2）定理中（2）的证明

这里首先证明序列 $(\boldsymbol{\rho}(k),\boldsymbol{w}(k))$ 有界。因为 $\boldsymbol{w}(k)\in W$，显然 $\boldsymbol{w}(k)$ 总有界。由于 $f(\boldsymbol{\rho}(0),\boldsymbol{w}(0))\geqslant f(\boldsymbol{\rho}(k),\boldsymbol{w}(k))\geqslant\beta\|\boldsymbol{\rho}(k)\|_2^2$，可知 $\|\boldsymbol{\rho}(k)\|_2^2\leqslant f(\boldsymbol{\rho}(0),\boldsymbol{w}(0))/\beta$。

由于序列 $(\boldsymbol{\rho}(k),\boldsymbol{w}(k))$ 有界，由 Bolzano-Weiestrass 定理，可知该序列至少有一个收敛的子序列。令 $f(\boldsymbol{\rho}(*),\boldsymbol{w}(*))$ 为任意子序列 $\{\boldsymbol{\rho}(k_k),\boldsymbol{w}(k_k)\}$ 的极限点。为了说明 $f(\boldsymbol{\rho}(*),\boldsymbol{w}(*))$ 是一个驻点，首先将式（5.1）中有约束问题转化为等式形式的无约束问题以简化次微分符号，如式（5.12）所示。

$$g(\boldsymbol{\rho},\boldsymbol{w}):=f(\boldsymbol{\rho},\boldsymbol{w})+\delta_W(\boldsymbol{w}) \tag{5.12}$$

式中：f 在式(5.1)中定义；δ_W 为集合 W 的指示函数，即当 $\boldsymbol{w}\in W$ 时 $\delta_W(\boldsymbol{w})=0$，当 $\boldsymbol{w}\notin W$ 时 $\delta_W(\boldsymbol{w})=\infty$。

由于式（5.1）的最优性，有

$$\nabla_{\rho}f(\boldsymbol{\rho}(k+1),\boldsymbol{w}(k))=\boldsymbol{0} \tag{5.13}$$

在 $\|\nabla^2 f(\boldsymbol{\rho},\boldsymbol{w})\|\leqslant L$ 中有 $\nabla f(\boldsymbol{\rho},\boldsymbol{w})$ 满足 Lipschitz 连续，结合式（5.13），有

$$\|\nabla_{\rho}f(\boldsymbol{\rho}(k+1),\boldsymbol{w}(k+1))\|\leqslant L\|\boldsymbol{w}(k)-\boldsymbol{w}(k+1)\| \tag{5.14}$$

由式（5.11），进一步有

$$\lim_{k\to\infty}\nabla_{\rho}f(\boldsymbol{\rho}(k+1),\boldsymbol{w}(k+1))=\boldsymbol{0} \tag{5.15}$$

相似地，由于式（5.3）的最优性，总有

$$\boldsymbol{0}\in\nabla_{w}g(\boldsymbol{\rho}(k+1),\boldsymbol{w}(k+1))=\nabla_{w}f(\boldsymbol{\rho}(k+1),\boldsymbol{w}(k+1))+\partial\delta_W(\boldsymbol{w}(k+1)) \tag{5.16}$$

结合式（5.15）和式（5.16），有

$$\boldsymbol{0}\in\nabla_{\rho}g(\boldsymbol{\rho}(*),\boldsymbol{w}(*))+\nabla_{w}g(\boldsymbol{\rho}(*),\boldsymbol{w}(*)) \tag{5.17}$$

因此，$(\boldsymbol{\rho}(*),\boldsymbol{w}(*))$ 是 g 的一个驻点，即式（5.1）中的问题。最后，由于 g 服从 Kurdyka-Lojasiewicz 特性，可知 $(\boldsymbol{\rho}(*),\boldsymbol{w}(*))$ 是序列的唯一极限点，即 $(\boldsymbol{\rho}(k),\boldsymbol{w}(k))$ 收敛于 $(\boldsymbol{\rho}(*),\boldsymbol{w}(*))$。至此，定理的证明完毕。

定理保证了交替最小化算法（算法 5-1）找到式（5.1）的一个驻点。根据经验观察，这种交替优化算法收敛速度很快，只需几次迭代即可得到相当好的特征权重向量和表示系数向量。更具体地，在实现中，迭代次数（即算法 5-1 中的 K）根据经验设置为 3。

2. 计算重建残差

基于优化后的特征权重向量 $\bar{\boldsymbol{w}}$ 和表示系数向量 $\bar{\boldsymbol{\rho}}$，测试特征集的类别特定重构残差可以表示为

$$R_i = \frac{\sum_{v=1}^{M} \overline{w}_v \cdot (\|\boldsymbol{y}^v - \boldsymbol{X}_i^v \cdot \overline{\boldsymbol{\rho}}_i\|_2^2 / d_v)}{\|\overline{\boldsymbol{\rho}}_i\|_2^2} \tag{5.18}$$

式中：i 为类别序号 $i=1,2,\cdots,C$；$\overline{\boldsymbol{\rho}}_i$ 为关于第 i 类遥感影像场景的表示系数子向量。

3. 预测测试遥感影像场景的标签

可以从特定类别的重建残差推断出测试遥感影像场景的标签：

$$t(\boldsymbol{y}) = \arg\min_i \{R_i\} \tag{5.19}$$

式中：$t(\boldsymbol{y})$ 为测试遥感影像场景的标签。

5.2.2 面向遥感影像场景分类的容错性深度学习方法

$\boldsymbol{\varGamma}_R = \{(I_1,O_1),(I_2,O_2),\cdots,(I_r,O_r)\}$ 表示原始训练遥感影像场景数据集，其中 r 表示原始训练遥感影像场景数据集中的遥感影像场景数，I 表示遥感影像场景，O 表示可能不正确的遥感影像场景标签。为了在带有噪声标签的训练遥感影像场景数据集的监督下鲁棒地学习高质量的深度网络，本章提出一种新的 RS-ETDL 框架，如图 5.1 所示。总的来说，

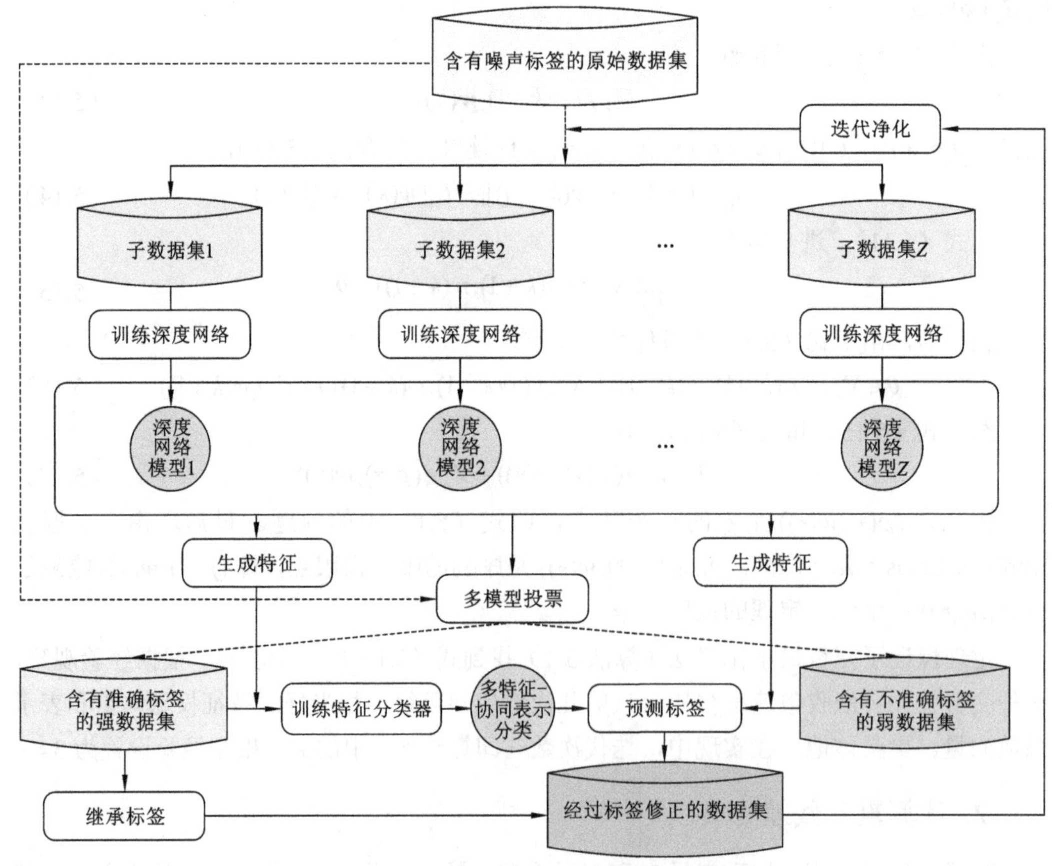

图 5.1 本章提出的 RS-ETDL 框架的流程图

虚线代表该过程只在第一次迭代时进行，在后续迭代中不再重复

该方法是基于深度网络即使使用含噪声的标签也可以学习有用信息的假设（Yuan et al., 2018）。该方法通过迭代的方式进行，其中每个迭代步骤包括两个交替模块：学习多视角深度网络、修正潜在的错误标签。下面详细介绍这两个模块。

1. 学习多视角深度网络

为了有利于感知和纠正错误标签，该子步骤旨在学习从不同角度区分遥感影像场景的多视角深度网络。首先将原始训练数据集随机划分为 Z 个不重叠子数据集 $\{\Gamma_1,\Gamma_2,\cdots,\Gamma_Z\}$，满足 $\Gamma_R=\Gamma_1\cup\Gamma_2\cup\cdots\cup\Gamma_Z$，$\Gamma_i\cap\Gamma_j=\varnothing;i=1,2,\cdots,Z;j=1,2,\cdots,Z$。其次，分别在 Z 个子数据集上学习 Z 个不同的深度卷积神经网络模型。这里，Z 个深度卷积神经网络模型的架构相同，如图 5.2 所示，此外，按照正常的深度学习训练过程对每个子数据集进行学习，Z 个深度卷积神经网络模型的超参数可用 $\{\Phi_1,\Phi_2,\cdots,\Phi_Z\}$ 表示。

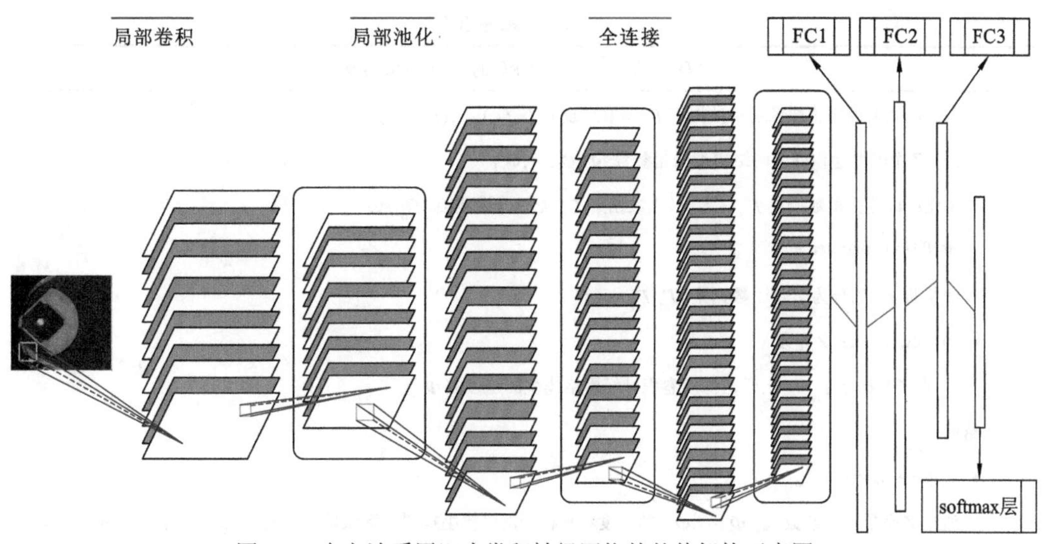

图 5.2　本方法采用深度卷积神经网络的整体架构示意图

2. 更正潜在的错误标签

为了纠正潜在的错误标签，首先使用学习到的 Z 个深度卷积神经网络模型从原始训练遥感影像场景数据集 $\Gamma_R=\{(I_1,O_1),(I_2,O_2),\cdots,(I_r,O_r)\}$ 中识别标签正确的概率较高的样本。更具体地说，如果原始训练数据集中的一个样本被所有深度卷积神经网络模型预测为具有相同的标签，则该样本标签正确的概率较高，随其标签一起被移动到强数据集；否则，这个样本的标签可能不正确，随其标签一起被移动到弱数据集。强数据集中含有 sn 个样本，表示为 $\Gamma_S=\{(I_1,O_1),(I_2,O_2),\cdots,(I_{\text{sn}},O_{\text{sn}})\}$；弱数据集中含有 wn 个样本，表示为 $\Gamma_W=\{(I_1,O_1),(I_2,O_2),\cdots,(I_{\text{wn}},O_{\text{wn}})\}$。其中 $\Gamma_C=\Gamma_S\cup\Gamma_W$ 且 $r=\text{sn}+\text{wn}$。

至此，拥有 Z 个训练所得的深度卷积神经网络模型、强数据集和弱数据集。这意味着拥有了特征提取函数（即 Z 个深度卷积神经网络模型的全连接层），并且标签监督也已准备就绪，因为强数据集中的样本被假定具有正确的标签。进一步地，在强数据集的监督下训练特征分类器来预测弱数据集中样本的标签。具体地说，如图 5.2 所示，采用的深度网络架构具有 3 个全连接层（即图 5.2 中的 FC1、FC2 和 FC3）。因此，在 Z 个深度卷积神经网络模型的基础上，每个遥感影像场景都可以用 $3\times Z$ 个特征向量来表示。基于 5.2.1 小节中介绍的 MF-CRC，可以通过分类的方式预测弱数据集中样本的标签，而非继承原始的噪声标签。如图 5.1 所示，具有原始标签的强数据集和具有预测标签的弱数据集的联合被视为具有校正标签的数据集，用于在下一次迭代中训练深度网络。

为了便于理解，在算法 5-2（表 5.2）中总结提出的 RS-ETDL 方法。如算法 5-2 所示，强数据集 Γ_S 在第一轮迭代后固定，主要目的是避免错误传播。在 RS-ETDL 方法中，针对迭代轮次在 5.3 节中进行了定量分析。给定一个含噪声的遥感影像场景数据集 Γ_R，所提出的 RS-ETDL 方法输出 Z 个具有超参数 $\{\varPhi_1,\varPhi_2,\cdots,\varPhi_Z\}$ 的高质量深度卷积神经网络模型及标签更正数据集 Γ_C。

表 5.2　算法 5-2

算法 5-2　基于 MF-CRC 的 RS-ETDL 方法
输入：原始训练遥感影像场景数据集 $\Gamma_R=\{(I_1,O_1),(I_2,O_2),\cdots,(I_r,O_r)\}$。
输出：Z 个深度卷积神经网络模型的超参数 $\{\varPhi_1,\varPhi_2,\cdots,\varPhi_Z\}$。
初始化：标签更正数据集 $\Gamma_C=\Gamma_R$；强数据集 $\Gamma_S=\varnothing$；弱数据集 $\Gamma_W=\varnothing$。
当 iterID = 1 : maxIter 重复
• 随机将 Γ_C 划分为 Z 个子数据集 $\{\Gamma_1,\Gamma_2,\cdots,\Gamma_Z\}$。
• 当 viewID = 1：Z 重复
在子数据集 Γ_{viewID} 上学习深度卷积神经网络模型的超参数 $\varPhi_{\text{viewID}}$。
结束
• 如果 iterID == 1
通过 Z 个带有超参数 $\{\varPhi_1,\varPhi_2,\cdots,\varPhi_Z\}$ 的深度卷积神经网络模型投票，将原始数据集 Γ_R 划分为强数据集 Γ_S 和弱数据集 Γ_W。
结束
• 在 Γ_S 的监督下使用 MF-CRC 更正 Γ_W 中每个样本的标签，其中特征提取函数使用 Z 个带有超参数 $\{\varPhi_1,\varPhi_2,\cdots,\varPhi_Z\}$ 的深度卷积神经网络模型的全连接层。
• 更新遥感影像场景数据集 $\Gamma_C=\Gamma_S\cup\Gamma_W'$，其中 Γ_W' 代表标签修正后的 Γ_W。
结束

5.2.3　基于噪声标签的遥感影像场景分类网络优化

如前所述，本章提出的 RS-ETDL 方法可以从带有噪声标签的遥感影像场景数据集中自动学习高质量的深度卷积神经网络模型。假设 RS-ETDL 方法已经学习了 Z 个具有超参数 $\{\varPhi_1,\varPhi_2,\cdots,\varPhi_Z\}$ 的深度卷积神经网络模型。如算法 5-2 所示，这些深度卷积神经网络模型在相互不重叠的子数据集的监督下进行训练。作为一般推论，这些深度卷积神经网络模型应该具有互补的预测性能。考虑这一点，可以通过多视角互补深度卷积神经网络模型的投票来预测一个测试遥感影像场景 I 的标签：

$$t = \arg\max_{c}(\sum_{d=1}^{Z} V_d^c) \tag{5.20}$$

式中：c 为类别；d 为深度卷积网络模型的序号；$V_d = \Psi(I;\Phi_d) \in \mathbf{R}^{T\times 1}$ 为测试影像 I 输入第 d 个带有超参数 Φ_d 的深度卷积网络模型得到的 softmax 层输出，T 为类别的数目。

5.3 实验结果与分析

5.3.1 实验数据集与评价指标

由于其在遥感影像场景分类中的广泛应用和优越性能，本实验采用视觉几何组（Chatfield et al.，2014）作为深度卷积神经网络的架构。采用的深度卷积神经网络的具体配置如表 5.3 所示，处理的输入影像大小为 224×224×3，采用的深度卷积神经网络有 5 个卷积层、3 个全连接层和 1 个 softmax 分类层。在深度卷积神经网络模型训练完成后，每个遥感影像场景都可以使用相应的 3 个全连接层由 3 个特征向量表示。

表 5.3　深度卷积神经网络的配置

网络层	配置
Conv1	filter：64×11×11×3，stride1：4×4，pool：3×3，stride2：2×2
Conv2	filter：256×5×5×64，stride1：1×1，pool：3×3，stride2：2×2
Conv3	filter：256×3×3×256，stride1：1×1
Conv4	filter：256×3×3×256，stride1：1×1
Conv5	filter：256×3×3×256，stride1：1×1，pool：3×3，stride2：2×2
FC1	4 096
FC2	4 096
FC3	1 000
softmax 层	类别数目

在接下来的实验中，在两个公开的大规模遥感影像场景数据集上评估这些方法，包括 RSI-CB256 数据集（Li et al.，2017a）和模式网（PatternNet）（Zhou et al.，2018）数据集。如图 2.4 所示，RSI-CB256 数据集包括 35 个土地覆盖类别，共有 24000 个遥感影像场景，其中每个遥感影像场景的大小为 256×256。如图 5.3 所示，PatternNet 数据集包括 38 个土地覆盖类别，共有 30400 个遥感影像场景，其中每个遥感影像场景的大小

为 256×256。在两个遥感影像场景数据集中，每个类别中随机选择 20%作为训练数据集，其余作为测试数据集。

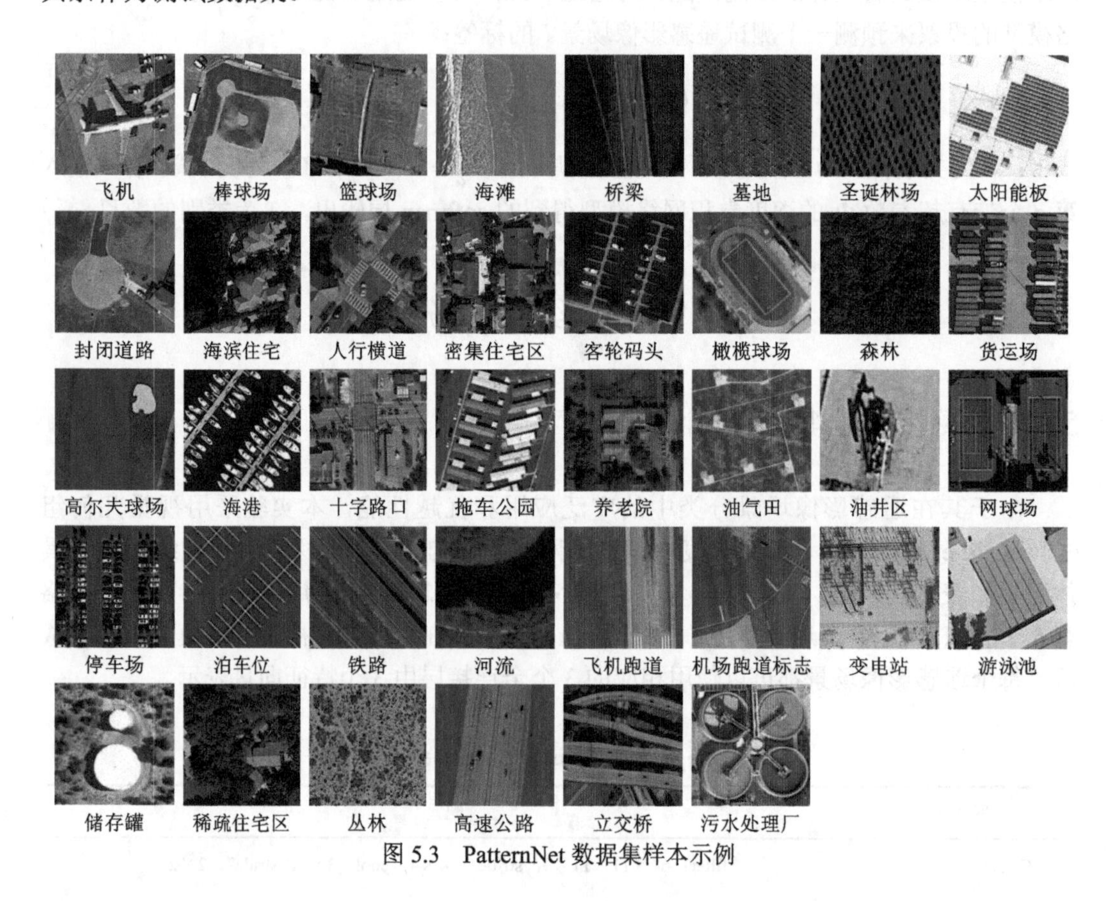

图 5.3　PatternNet 数据集样本示例

为了定量评估容错性学习方法，基于现有的噪声模拟方法（Yuan et al.，2018；Jindal et al.，2016）为训练数据集的标签添加不同噪声率的噪声（即实验中的 errorRate 分别设置为 0.4、0.6、0.8）。此外，使用广泛被采用的总体精度（overall accuracy，OA）指标在测试数据集上测试模型的性能。

5.3.2　在仿真噪声数据集上的实验结果分析

1. 关键参数的敏感性分析

在错误率固定的情况下（例如 errorRate=0.8），在 RSI-CB256 数据集上评估本章提出的 RS-ETDL 方法在不同正则化参数 α 和 β 下的性能。如表 5.4 所示，该方法的性能随着 α 和 β 的变化而明显变化。这一现象从两个方面充分验证了该方法的有效性：自适应组合多个特征的思想、使用其他类信息来表示测试样本的策略。作为权衡，该方法可以在 $\alpha=3.0\times10^3$ 和 $\beta=1.0\times10^3$ 时达到最佳性能。为了减少计算消耗，在后续实验中遵循此设置。自然地，如果在新的数据环境中再次调整参数设置，可以合理预期更好的性能。

此外，评估该方法在不同视角数下的性能（即改变算法 5-1 中的视角数 Z），相应的结果总结在表 5.5 中。一般来说，增加视角数会提高强数据集的样本准确率，但会不可避免地减少强数据集的容量。整体来看，增加视角数对性能提升没有好处。因此，后续实验中将视角编号设置为 2。

表 5.4　RSI-CB256 数据集上 RS-ETDL 方法在不同正则化参数下的总体精度

β	$\alpha=1.0\times10^3$	$\alpha=2.0\times10^3$	$\alpha=3.0\times10^3$	$\alpha=4.0\times10^3$	$\alpha=5.0\times10^3$
0.5×10^3	0.775 7	0.706 2	0.773 7	0.678 9	0.658 7
1.0×10^3	0.760 3	0.775 5	0.833 3	0.802 5	0.762 7
2.0×10^3	0.724 3	0.735 8	0.777 3	0.769 3	0.657 8

表 5.5　RSI-CB256 数据集上 RS-ETDL 方法在不同视角数下的总体精度

Z	maxIter=1	maxIter=2	maxIter=3
2	0.626 4	0.815 7	0.833 3
3	0.595 5	0.714 6	0.727 4
4	0.575 4	0.465 9	0.479 7

2. RS-ETDL 方法在 RSI-CB256 数据集上的收敛性分析

为了进行收敛性分析，在表 5.6 中总结了本章提出的 RS-ETDL 方法在不同轮次迭代下的性能。如表 5.6 所示，更多的迭代确实有助于提高该方法的性能，尤其是当错误率很高时（例如 errorRate=0.6 和 errorRate=0.8）。此外，在 3 轮迭代后性能提升会变得很慢。显然地，该方法的训练复杂度与迭代轮次呈正比。为了在训练复杂度和分类性能之间取得平衡，本实验中将迭代轮次设置为 3。

表 5.6　RSI-CB256 数据集上 RS-ETDL 方法在不同迭代轮次下的总体精度

errorRate	maxIter=1	maxIter=2	maxIter=3	maxIter=4	maxIter=5
0.4	0.881 6	0.918 5	0.919 8	0.917 8	0.918 0
0.6	0.759 2	0.888 9	0.891 5	0.893 9	0.900 8
0.8	0.626 4	0.815 7	0.833 3	0.833 7	0.828 4

3. RS-ETDL 方法在 RSI-CB256 数据集上与最先进方法的比较

为了验证本章提出的 RS-ETDL 方法的优越性，将该方法与三种最近发表的方法进行比较，包括基于自举法（bootstrapping）的容错性深度学习方法（Reed et al.，2014）、基于退出法（dropout）的容错性深度学习方法（Jindal et al.，2016）和基于迭代交叉学习（iterative cross learning，ICL）的容错性深度学习算法（Yuan et al.，2018）。此外，为了验证所提出的 MF-CRC 在该方法中的有效性，通过扩展该方法添加了另外两个基线方案。通过简单地将多个特征聚合到一个特征向量中，该方法中的 MF-CRC 可以被一些传统的分类器（如支持向量机和协同表示分类器）取代。具体地，RS-ETDL-SVM 代表使用支持向量机分类器的 RS-ETDL 方法，RS-ETDL-CRC 表示使用协同表示分类器的 RS-ETDL 方法，而 RS-ETDL 表示使用 MF-CRC 的 RS-ETDL 方法。

如表 5.7 所示，RS-ETDL 及其变体显著优于最先进的方法（Yuan et al.，2018；Wu et al.，2017；Reed et al.，2014），这充分反映了本章容错性学习框架的有效性。当 errorRate=0.4 和 errorRate=0.6 时，RS-ETDL 方法与 RS-ETDL-CRC 具有相似的性能水平，而性能优于 RS-ETDL-SVM。然而，当 errorRate=0.8 时，RS-ETDL 方法大幅优于 RS-ETDL-SVM 和 RS-ETDL-CRC。当标签被严重噪声干扰时，强数据集中的样本数量非常少，这使得弱数据集的标签净化成为经典的小样本分类问题。与包括支持向量机和协同表示分类器在内的传统分类器相比，显著的性能提升充分验证了所提出的 MF-CRC 的优越性。

表 5.7　RSI-CB256 数据集上 RS-ETDL 方法与最先进方法的比较

errorRate	bootstrapping	dropout	ICL	RS-ETDL-SVM	RS-ETDL-CRC	RS-ETDL
0.4	0.889 1	0.509 7	0.728 2	0.908 6	0.910 4	0.918 5
0.6	0.841 5	0.471 8	0.600 6	0.865 0	0.895 0	0.891 5
0.8	0.643 0	0.216 2	0.398 6	0.712 7	0.729 8	0.833 3

为了验证 RS-ETDL 方法的通用性，通过直接套用关键参数设定在另一个公开的遥感影像场景数据集 PatternNet 上进一步评估该方法。

4. RS-ETDL 方法在 PatternNet 数据集上的收敛性分析

与 RSI-CB256 数据集上的实验一样，也在 PatternNet 数据集上对 RS-ETDL 方法进行了收敛性分析，相应的结果总结在表 5.8 中。如表 5.8 所示，RS-ETDL 方法在 PatternNet 数据集上的性能与在 RSI-CB256 数据集上的变化趋势相似。更具体地，RS-ETDL 方法可以通过 3 次迭代达到饱和。考虑这一点，PatternNet 数据集上的迭代轮次也设置为 3。

表 5.8　PatternNet 数据集上 RS-ETDL 方法在不同迭代轮次下的总体精度

errorRate	maxIter=1	maxIter=2	maxIter=3	maxIter=4	maxIter=5
0.4	0.849 8	0.950 3	0.956 4	0.955 8	0.955 6
0.6	0.729 3	0.918 9	0.926 4	0.928 3	0.932 1
0.8	0.489 6	0.793 3	0.829 7	0.830 2	0.836 1

5. RS-ETDL 方法在 PatternNet 数据集上与最先进方法的比较

与 RSI-CB256 数据集上的实验一样，为了展示 RS-ETDL 方法和本章提出的 MF-CRC

的优越性，考虑三种现有方法和 RS-ETDL 的两种变体（表 5.9）。具体地，现有的三种方法包括基于 bootstrapping 的容错性深度学习方法（Reed et al.，2014）、基于 dropout 的容错性深度学习方法（Jindal et al.，2016）和基于 ICL 的容错性深度学习算法（Yuan et al.，2018）。此外，两个变体包括 RS-ETDL-SVM 和 RS-ETDL-CRC。

表 5.9 PatternNet 数据集上 RS-ETDL 方法与最先进方法的比较

errorRate	bootstrapping	dropout	ICL	RS-ETDL-SVM	RS-ETDL-CRC	RS-ETDL
0.4	0.891 6	0.494 7	0.624 1	0.952 8	0.954 8	0.956 4
0.6	0.867 1	0.452 5	0.560 7	0.921 5	0.924 4	0.926 4
0.8	0.686 8	0.370 3	0.418 2	0.763 4	0.700 3	0.829 7

5.3.3 在真实噪声数据集上的实验结果分析

1. 真实噪声遥感数据集的制作过程

如 5.1 节中分析，遥感影像场景中的真实标签噪声主要来自贪婪标注过程。为了充分验证本章提出的 RS-ETDL 方法的有效性，采用两种不同的遥感影像贪婪标注策略构建两个带有真实标签噪声的遥感影像场景数据集，标注策略可以覆盖 5.1 节中提到的影像场景注释方法。下面将详细介绍两个带有真实标签噪声的遥感影像场景数据集的构建过程。

在第一个带有真实标签噪声的遥感影像场景数据集的构建过程中，使用 Li 等（2018a）中的贪婪标注算法。该标注算法首先通过无监督的方法对原始数据集中的影像场景进行有限数目的聚类，然后在类级别对原始数据集进行标注以加速标注并节省人工成本。在这里，将公开可用的航空影像数据集（aerial image dataset，AID）（Wang et al.，2017）作为源数据。具体地，AID 包括 30 个土地覆盖类别，共有 1 万个遥感影像场景，其中每个遥感影像场景的大小为 600×600。原始数据集的 50%被随机选为训练数据集，其余作为测试数据集。与前文的噪声模拟过程不同，AID 的原始标签被直接丢弃，并通过 Li 等（2018d）文献中的贪婪标注算法被重新标记。详细地，贪婪标注率被设置为 5%，即注释过程加快了 20 倍。为便于说明，后续将贪婪标注后的 AID 测试数据集称为 AID-GA。

在第二个带有真实标签噪声的遥感影像场景数据集的构建过程中使用了另一种贪婪标注算法。如 5.1 节所述，可以使用现有的地理数据库作为语义层来自动标注遥感影像。作为第一次也是主要的尝试，以检测建成区为例进行研究。在许多现有技术中（Tan et al.，2018；Li et al.，2015b），建成区检测被视为场景二分类任务（即一个场景被分类为建成区或非建成区），而建成区场景数据集的标注通常需要大量成本。这里以最近发布的 10 m 空间分辨率的全球土地覆盖（10 m resolution global land cover，FROM-GLC10）产品（Gong et al.，2019）作为语义标签，以 0.5 m 空间分辨率的谷歌地球影像作为源影像。在完成谷歌地球影像和 FROM-GLC10 产品的地理坐标对齐之后，FROM-GLC10 产品中的不透水层被用于生成建成区类别的场景，其他层被用于生成非建成区类别的场景，其中每个影像场景大小为 256×256。一共收集 5 000 张影像场景作为训练数据集。考虑 FROM-GLC10 产品是通过一些影像解译方法生成的，不透水层的精度在 72%左右（Gong et al.，2019），训练数据集不可避免地包含一定程度的错误标签。此外，对包含 5 000 个影像场景测试集进行人工优化，测试集与训练集没有重叠。为了便于说明，后续将该数据集称为 BUD-GLC。

2. RS-ETDL 方法的收敛性分析

通过固定 5.3.2 小节中超参数的设置，在两个带有真实标签噪声的遥感影像场景数据集上对提出的 RS-ETDL 方法进行收敛性分析。更具体地说，这里报告了 RS-ETDL 方法在 AID-GA 数据集和 BUD-GLC 数据集上不同迭代次数下的定量评估结果（总体精度），如图 5.4 所示，RS-ETDL 方法两轮迭代的结果显著优于一轮迭代的结果。此外，RS-ETDL 方法似乎在三次迭代后收敛到稳定状态。由于这一经验特性，这两个数据集上的迭代次数也设置为 3。

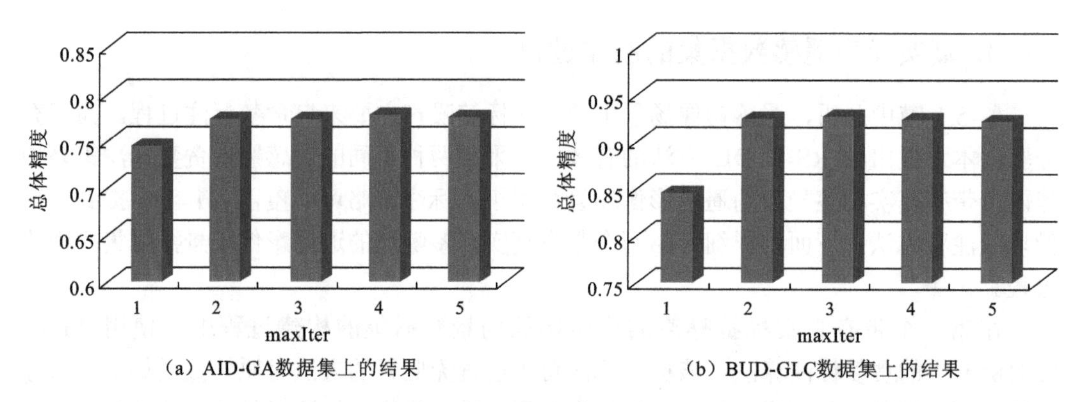

（a）AID-GA数据集上的结果　　（b）BUD-GLC数据集上的结果

图 5.4　RS-ETDL 方法在两个数据集上不同迭代次数下的定量评估结果（总体精度）

3. RS-ETDL 方法在真实噪声遥感影像数据集上与最先进方法的比较

与第 5.3.2 小节中的比较设置类似，还将 RS-ETDL 方法与最近发布的三种方法进行比较，包括基于 bootstrapping 的容错性深度学习方法（Reed et al.，2014）、基于 dropout 的容错性深度学习方法（Jindal et al.，2016）和基于 ICL 的容错性深度学习算法（Yuan et al.，2018）。此外，为了验证提出的 MF-CRC 分类器的有效性，通过拓展 RS-ETDL 框架得到了另外两组基线（RS-ETDL-SVM 和 RS-ETDL-CRC）。如表 5.10 和表 5.11 所示，在 AID-GA 数据集和 BUD-GLC 数据集上进行的实验表明 RS-ETDL 及其两种变体（RS-ETDL-SVM 和 RS-ETDL-CRC）明显优于最先进的方法（Yuan et al.，2018；Wu et al.，2017；Reed et al.，2014），充分反映了本章所提出的容错性深度学习框架的有效性。此外，与传统分类器（支持向量机和协同表示分类器）相比，本章提出的 MF-CRC 具有更好的性能。

表 5.10　AID-GA 数据集上 RS-ETDL 方法与最先进方法的比较

总体精度	bootstrapping	dropout	ICL	RS-ETDL-SVM	RS-ETDL-CRC	RS-ETDL
数值	0.724 6	0.421 0	0.599 8	0.748 2	0.759 2	0.774 0

表 5.11　BUD_GLC 数据集上 RS-ETDL 方法与最先进方法的比较

总体精度	bootstrapping	dropout	ICL	RS-ETDL-SVM	RS-ETDL-CRC	RS-ETDL
数值	0.791 0	0.822 4	0.734 6	0.912 4	0.911 2	0.926 9

5.4　本 章 小 结

随着信息技术、影像技术、制造业的发展，人们已经进入了遥感大数据时代。众所周知，真实性是遥感大数据最显著的特征之一。如何从带有噪声标签的遥感数据中挖掘内在知识成为遥感大数据时代新的学习范式。在这种密集需求的推动下，本章提出了一种新的 RS-ETDL 方法用于遥感影像场景分类。该方法可以自动纠正潜在的错误标签并学习一个基于深度学习的分类模型。由于所提出的 RS-ETDL 不受错误类型和错误率的影响，能够从含不同程度噪声的遥感影像场景数据集中挖掘内在知识。为了使替代方案顺利工作，提出了一种新的 MF-CRC，该方法可以自适应地组合深度卷积神经网络的多个中间特征以提高分类精度。在两个公开开放的遥感影像场景数据集上进行的大量实验表明，提出的 RS-ETDL 方法可显著优于最先进的方法。此外，通过与包括支持向量机和协同表示分类器在内的一些传统分类器的比较，也验证了所提出的 MF-CRC 的有效性。

在本章中，使用模拟噪声数据集训练容错性学习方法（以不同的错误率对训练数据集中样本的标签添加噪声），并在干净的测试数据集上测试训练后的模型。在未来的工作中，将尝试收集一些真实的噪声遥感影像场景数据集，并评估构建的容错性学习模型对真实噪声数据的适用性。

第6章 知识图谱表示学习驱动零样本遥感影像场景分类

6.1 概　　述

随着遥感学科及其相关技术的飞速发展，高分辨率遥感影像的数据量迅速增加，遥感大数据时代已经到来（付琨 等，2021；王志华 等，2021；马廷，2019；张兵，2018；叶思菁，2018；Zhao et al.，2015；Chi et al.，2016；李德仁 等，2014）。对这些海量遥感数据进行精确解译是一项十分基础且重要的工作。随着遥感影像分辨率的提高，基于像素和对象的分类方法逐渐无法完成高效稳定的遥感影像解译任务，而在自然灾害监测、土地利用分类、生态变化监测和城市规划等领域中对遥感影像场景类别更加重视（刘涵 等，2021；张涛 等，2021；潘灼坤 等，2020；张翰超，2019；范一大 等，2016；Zhu et al.，2016b；王强，2015；Luus et al.，2015；Cheng et al.，2013；李德仁，2007）。因此，大量学者展开了针对遥感影像场景分类的研究（胡凡，2017；Li et al.，2016b；赵理君 等，2016）。深度学习与遥感应用紧密结合，极大提高了遥感影像场景分类的效果（Ma et al.，2021；Zheng et al.，2018；Zhang et al.，2015a）。然而，一方面遥感影像呈现出十分显著的“同谱异物、同物异谱”现象，仅仅依靠深度卷积神经网络学习到的影像特征，往往无法达到令人满意的场景分类精度；另一方面伴随着遥感大数据时代的到来，遥感地物类别呈现出爆炸式增长的趋势，为所有类别都搜集充足的遥感影像样本是不现实的。如何模拟人类认知，引入先验知识，从单纯的感知地物对象到能够理解地物之间的关系，实现对遥感影像场景的智能解译，仅通过学习含有遥感影像的部分类别，就可以识别在训练阶段从未出现的遥感影像场景类别，在遥感大数据时代具有重要的现实意义。因此，近年来零样本学习（zero-shot learning，ZSL）的发展为遥感影像场景分类提供了新的思路（李彦胜 等，2020；冀中 等，2019；Palatucci et al.，2009；Larochelle et al.，2008）。零样本学习旨在模拟人类学习的过程，通过可见类样本学习，以类别先验知识（例如手工标注的类别属性向量，通过自然语言模型获取的类别名称词向量）的辅助来推理识别不可见类中的样本。此外，由于零样本分类在训练过程中除利用影像特征外，还极大程度上利用了影像类别的语义信息，在一些细粒度分类任务中，语义信息的引入会使得零样本分类具备一定的优势。同时，随着零样本分类技术的发展，可基于已有的样本库训练出可以识别新类别样本的模型，从而实现样本库的自动化补充和更新，具有重要的现实意义。

另一方面，伴随着人工智能的发展，目前知识图谱相关研究备受关注。形式上，知识图谱是一个用图数据结构表示的知识载体，描述客观世界的事物与关系，用节点表示客观世界的事物，用边代表事物之间的关系（刘峤 等，2016）。因此，将遥感领域海量的影像数据作为一个重要的知识来源，与相关专家知识进行关联自上而下形成遥感领域知识图谱，可以为遥感影像场景零样本分类提供充足的先验知识基础。

基于以上分析，需要研究基于知识图谱表示学习的零样本遥感影像场景分类技术，探索适用于遥感领域知识图谱的构建方法，通过表示学习技术将知识图谱应用于遥感影像场景零样本分类，研究零样本遥感影像场景算法，扩展遥感领域对知识图谱和零样本分类研究的认识，推进与知识图谱构建、表示学习和零样本分类相关的研究进程，为遥感领域零样本分类任务提供新视角。

6.2 研究方法

6.2.1 知识图谱的构建

知识图谱本质上是通过关系连接具有属性的实体进而形成的网状结构的知识库，是一种大规模语义网络。知识图谱中的节点代表实体或者实体的属性，知识图谱的边代表实体与实体或实体与属性之间的各种关系。知识图谱通常表示为 $G=(E, R)$，其中 E 表示实体和属性的集合，R 表示关系的集合，G 中的每个元素称为三元组实例，主要表现为 (h, r, t)的形式，其中 $h\in E$，$t\in E$，$r\in R$。当在描述某个实体或概念的属性时，三元组中的关系也被称为属性，相应的尾实体也被称为属性值（盛泳潘，2020）。

对于构建知识图谱而言，主要构建方式有两种思路，即自顶向下构建和自底向上构建。早期多数学者主要采用自顶向下的方式构建基础知识库，其中自由基（freebase）是采用这种方式的代表成果（任梦星，2020）。但是，自顶向下构建知识图谱对专业领域知识和图谱设计精细程度有着极高的要求，且通常存在通用性较差且构建的知识图谱较小等缺点（曾平，2018）。随着深度学习技术的发展，自动知识抽取和知识图谱补全等技术开始应用到知识图谱构建任务中，越来越多的知识图谱开始采用自底向上的方式构建，如谷歌的知识库 Knowledge Vault（Dong et al.，2014）。但是，单纯地自底向上构建知识图谱往往会导致图谱的整体架构不够完善合理，且目前自然语言处理技术仅能够提取有限的实体及关系信息，自底向上构建的知识图谱具备的关系种类通常不够丰富，不利于后续的推理及基于知识图谱的表示学习。

综上所述，采用专家协同构建与多源数据挖掘相结合的方法进行遥感领域知识图谱初始构建，通过遥感知识图谱表示学习技术实现知识图谱的自主迭代进化，充分考虑了遥感解译任务的逆向反馈对遥感领域知识图谱进化升级的必要性，形成了面向遥感影像解译的遥感领域知识图谱迭代建模框架。

为了满足遥感影像智能解译任务的需要，首先需要参考自顶向下的知识图谱构建方式，确立遥感领域知识表达模型与对应的遥感领域本体模式，从而确保构建的遥感领域知识图谱对领域内知识表达的权威性、正确性、体系完备性与可用性，使得遥感领域知识图谱能够服务于最终的遥感影像解译任务。

遥感本体设计是将遥感领域内错综复杂的多学科知识按照统一的体系结构进行组织的基石，是推动遥感领域完成完备性及易用性知识表达的关键。相比于通用知识图谱，遥感领域知识图谱需要包含空间对象的时空知识，即对实体空间位置、空间分布、空间形态、空间关系、空间统计、空间关联、空间对比、空间趋势、空间运动、时空变化、趋势分析等信息进行概括和凝练，形成具有时空特性的知识（杜清运 等，2014）。因此，在进行遥感领域本体设计时，需要合理组织空间对象相关的语义信息与时空信息。此外，还需结合遥感影像解译任务，将遥感成像探测机理相关知识也引入进来，并通过地理学知识对遥感成像机理进行补充（王志华 等，2021），表达出空间对象相关的地理学知识对遥感影像解译标志的作用与影响，最终形成一套通过时空特征作为空间对象状态基本划分单元（张雪英 等，2020），通过状态内部关系与外部变化对该空间对象相关的遥感领域知识的存在及发展进行表达的遥感领域知识本体模式，并应用到具体的知识三元组抽取模型和遥感领域知识图谱的构建任务中。

为了服务于遥感影像解译任务，首先需要构建起能够将空间对象单一、特定状态的影像特征反演为实际地学特征表现的知识链路，其中空间对象的具体表现为遥感影像中均质的图斑，这些图斑在地理空间中往往表示能用同一类别概括的连续的地理实体，以这类图斑为基本单元有利于遥感影像解译并最终服务于土地覆盖分类等实际应用任务。对于空间位置等地理几何特征信息而言，这一链路的途径为遥感传感器的成像模型；而对于空间对象的地理属性特征信息而言，这一链路的途径为遥感定量反演模型。因此，为了反映出这一知识链路的特性，对于知识图谱中表现空间对象单一状态的结构，设计了<语义概念层—影像特征层—观测机理层—地理规律层>的 4 层结构，如图 6.1 所示，保证遥感领域知识图谱对遥感影像解译任务所需知识的合理组织。

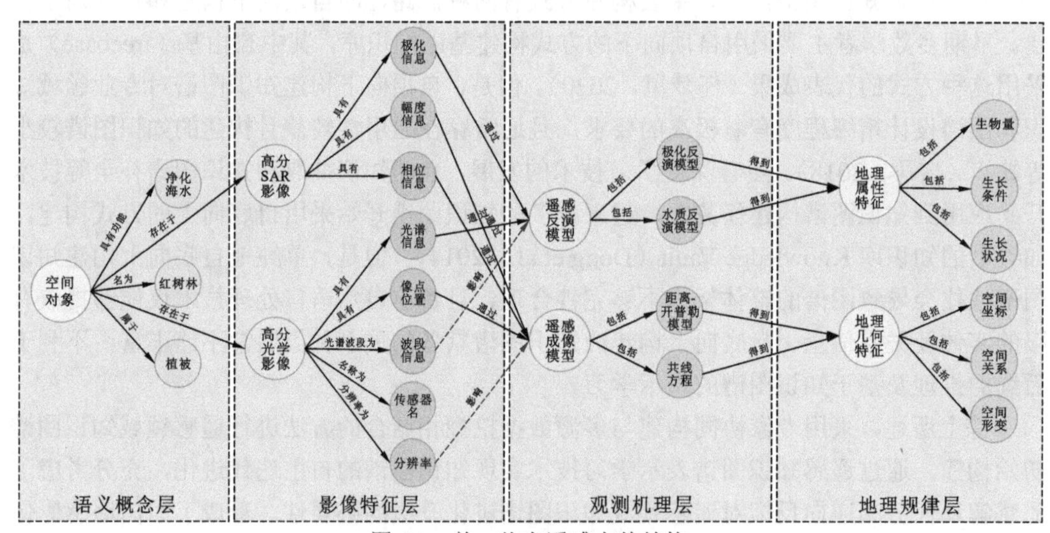

图 6.1　单一状态遥感本体结构

完成对单一状态的遥感影像解译知识链路的表示以后，考虑空间对象的地理学特征往往会随着时间逐步演进，需要根据时间对空间对象的演进状态进行进一步组织。结合实际遥感影像解译任务的需要和遥感影像本身往往会按照时间序列的形式进行组织的特点，按照上述单一状态表示结构，基于时间序列中的单景影像可以整理出空间对象在该时间节点的一个状态。进一步地，将时间序列中所有影像进行组织，则可以获得空间对象随时间演进的状态序列，进而表现出空间对象的地理学特征随着时间演进变化的过程，如图 6.2 所示。

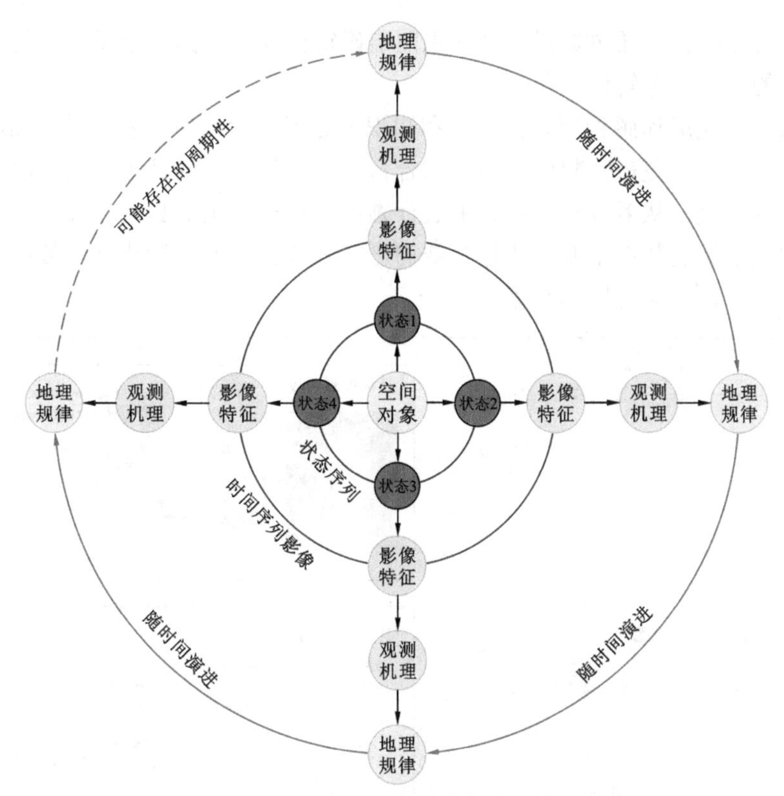

图 6.2　序列状态遥感本体结构

最后，完成对空间对象随时间的多状态描述之后，将知识图谱中所包含的影像解译标志和地理规律表现等语义信息与遥感影像所具有的光谱信息与几何信息等特征结合起来，补全通过遥感影像所无法直接得到的间接特征层，从而使遥感影像解译在知识图谱的语义辅助下能够得到更为准确或者细粒度的结果。如图 6.3 所示，以遥感影像上耕地区块的作物类别识别为例，首先，根据遥感影像所具有的坐标信息和时间信息对遥感领域知识图谱中耕地对象的子类别检索进行约束；然后，结合定量遥感反演模型，对耕地中的生物量累计进行估算，并对作物的生长周期进行拟合；最后，将作物生长周期信息

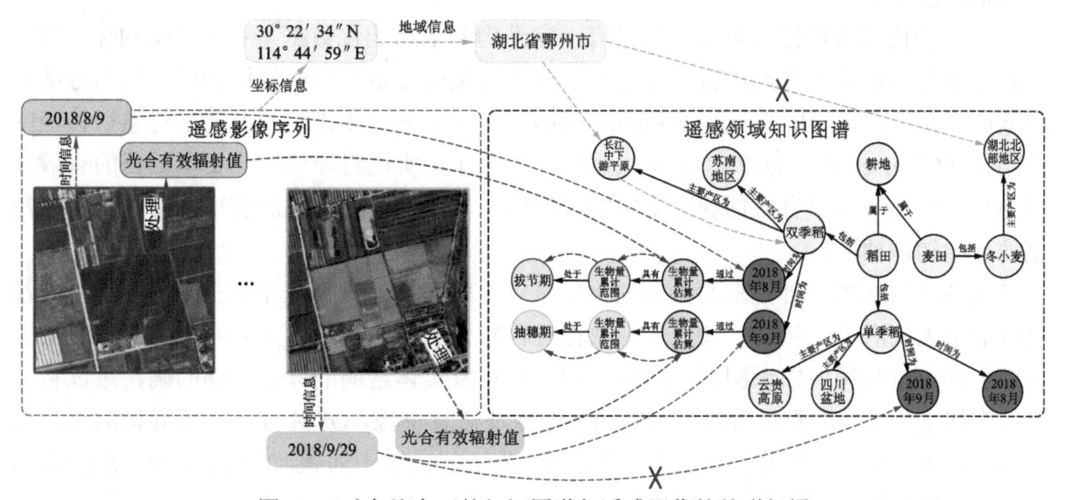

图 6.3　时空约束下的知识图谱与遥感影像的关联解译

与时空间信息相结合，通过遥感领域知识图谱确定作物类型为双季稻，实现关联遥感领域知识图谱的遥感影像解译任务。

在自顶向下完成遥感领域本体设计和知识表达模型后，为了兼顾遥感领域知识图谱对领域内大量知识的覆盖完整度，需要结合自然语言处理、地理矢量数据解析、遥感影像目标检测等手段，从多源地学数据中进行领域知识三元组的自动化抽取。如图 6.4 所示，遥感知识挖掘的数据来源主要包含结构化文本数据、非结构化文本数据、地图矢量数据和遥感影像数据 4 类地学数据。

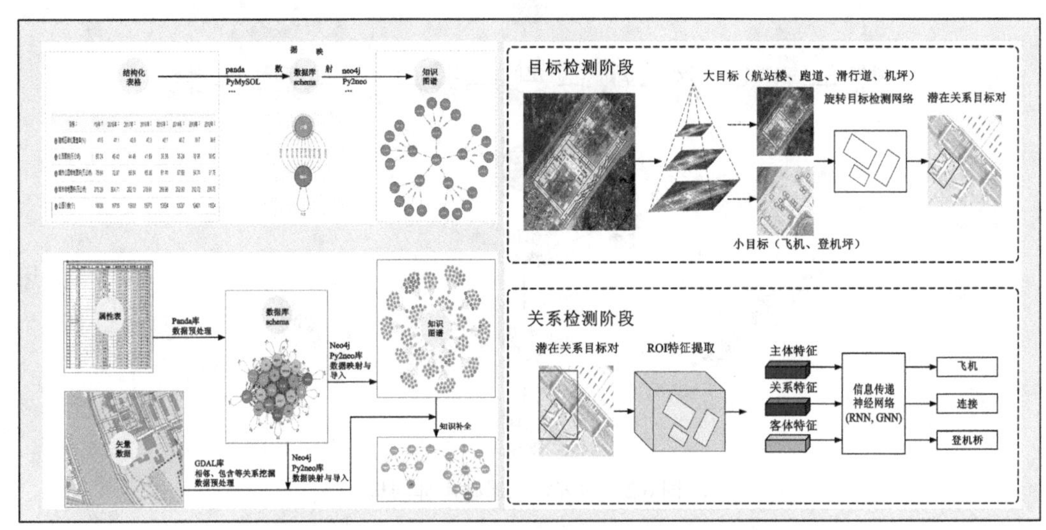

图 6.4　基于多源地学数据的遥感领域知识三元组提取

结构化文本数据大多是领域内经过整理，采用具有明确表头信息的表格进行存储的信息。对于该类数据的知识挖掘而言，知识抽取主要依赖于表头信息对表格内容在关系上的补充，即按照<内容-表头-内容>的形式构建起三元组。对于表头信息不太明确的表格数据，近些年有研究（Chen et al.，2019）提出根据知识图谱中已有知识三元组的信息与表格内容的对照，对表头信息的含义进行推理，从而实现从表格数据中自动化地进行知识抽取技术。

非结构化文本数据又可以分为具有一定结构的半结构化数据与完全非结构化数据，但核心任务都是通过自然语言处理技术从非结构化的文本中抽取领域知识。常用方法是将双向长短期记忆（bi-directional long short-term memory，BiLSTM）模型与卷积神经网络结合（Chen et al.，2017），基于大量标注语料库，实现对非结构化文本数据的有效建模与自主学习，能够有效捕获文本中的全局信息与局部信息，进而实现非结构化文本数据的自动知识抽取。

地图矢量数据对补充遥感知识图谱中具体空间对象的矢量表示、空间属性等方面都具有非常大的潜力。然而，通过矢量数据进行知识三元组抽取的主要难点在于矢量数据中的地理节点与领域知识图谱中所包含的空间对象实体之间的联系不够明确，难以将二者关联起来。作为重要矢量数据来源的开源地理信息资源，OSM 存在大量异构的用户定义的节点表达模式，加大了数据处理的难度。为了解决这一问题，Tempelmeier 等（2021）提出由 OSM 到知识图谱（OSM to knowledge graph，OSM2KG）监督模型通过构建一种潜在的、紧凑的 OSM 节点表示方法，通过知识图谱实体与 OSM 节点间的现有关系来进行训练，能够有效捕获语义节点间的相似性，并发现实体与 OSM 节点间的关系，为矢量数据的知识解析提供了一个值得借鉴的思路。

由于遥感领域知识图谱最终需要服务于遥感影像解译任务，在进行知识抽取时需要将遥感影像数据也纳入进来。进行基于遥感影像的知识三元组抽取的基本过程为：首先通过遥感目标检测模型进行目标检测，以尽可能获得贴近影像上空间对象的目标框；然后提取成对目标框的多维度特征，将多维度特征输入信息传递到神经网络中，预测空间对象之间的空间联系；最终抽取出遥感领域知识三元组。

遥感知识图谱构建的初始阶段采用基于多源数据挖掘的方法进行知识三元组抽取，因此需要对获取的多个知识图谱进行融合，将从多源数据中获取的同义实体或关系进行对齐合并，从而能够使得图谱的内容更加简洁完整，进一步提高知识图谱的易用性。一般来说，对多源数据进行知识抽取得到的高质量子图谱往往规模较小，因此能够获得的已知对齐关系可用于训练的遥感知识图谱样本较少。基于这一考虑，选取在小样本条件下效果较为理想的迭代自拓展式实体对齐（bootstrapping entity alignment，BootEA）模型（Sun et al., 2018）对遥感领域知识图谱进行实体对齐融合。该方法的基本思想如图 6.5 所示。

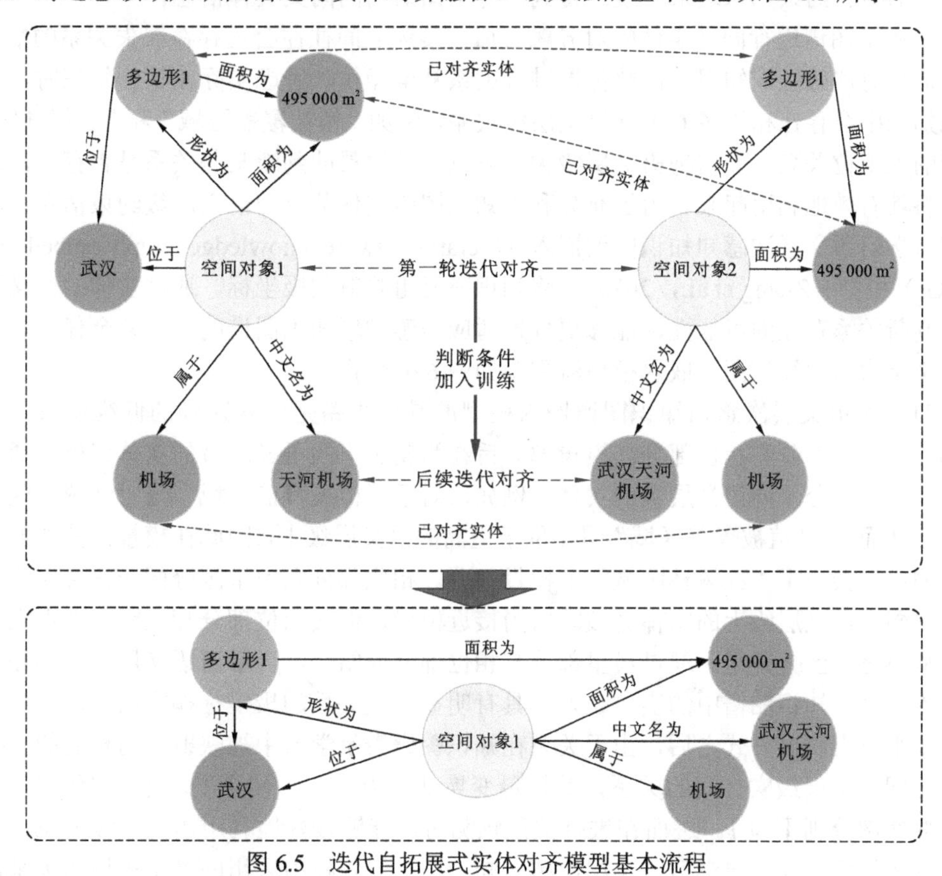

图 6.5　迭代自拓展式实体对齐模型基本流程

具体的，BootEA 模型训练过程中的总体目标函数为

$$O = O_e + \mu_1 \cdot O_a \tag{6.1}$$

式中：μ_1 为超参数；O_e 为

$$O_e=\sum_{\tau\in T^+}[f(\tau)-\gamma_1]_+ + \mu_2\sum_{\tau'\in T^-}[\gamma_2-f(\tau')]_+ \tag{6.2}$$

式中：T^+为正三元组的映射向量集合；T^-为负三元组的映射向量集合；$f(*)$为三元组映射向量的距离函数，对于正三元组该函数值尽可能小，而负三元组该函数值尽可能大；γ_1、γ_2、μ_2为超参数。

式（6.2）代表基本目标函数，通过整体上对正负三元组的距离函数进行约束，从而加强模型对单个知识图谱内部语义信息映射到低维稠密空间向量的能力。而O_a的含义为

$$O_a=-\sum_{x\in X}\sum_{y\in Y}\phi_x(y)\ln\pi(y\mid x;\Theta) \tag{6.3}$$

式中：X、Y为两个知识图谱中实体的映射向量集合；$\pi(y\mid x;\Theta)$为采用余弦相似度度量的两个不同知识图谱中所出现的实体的映射向量的相似度；$\phi_x(y)$为第一个知识图谱中实体x的对齐实体y的概率分布函数。

式（6.3）代表实体对齐似然度的目标函数，用于将多源图谱中的同义实体尽可能映射为相同的低维稠密空间向量，从而能够通过低维向量的相似度对实体是否为同义实体进行判别。通过以上两个约束，实现在对单个图谱的内部语义信息进行合理映射的同时，将已知的对齐约束加入进来，最终得到多源子图谱间的同义实体信息。

多源子图谱进行同义实体的对齐融合后，实体之间往往会还存在缺失关系的情况，因此需要对遥感领域知识图谱整体地进行关系补全操作。考虑实际在认知知识时，遥感领域知识中会存在相当多的不同语义层级关系，例如“植被覆盖区域”和“红树林区域”之间的上下位关系，而这种语义层级关系可以有效地帮助判断某些关系是否存在，因此需要将其有效地利用起来。为了充分利用知识图谱实体节点的语义层级约束信息，本节采用自学习语义层次感知知识图谱嵌入（hierarchy-aware knowledge graph embedding，HAKE）模型（Zhang et al.，2020b）将知识三元组映射到极坐标，通过实体的语义层级信息判断关系存在的可能性，能够更好地适应遥感领域知识图谱的关系补全任务。自学习语义层次感知知识图谱嵌入模型流程图如图 6.6 所示。

自学习语义层次感知知识图谱嵌入模型的具体思路是将映射到的低维向量分为两个部分：模量部分和相位部分。模量部分旨在为属于不同语义层级的实体建模，通过模量的不同来区分不同语义层级的实体。例如，对于“植被覆盖区域”与“红树林区域”两个实体而言，“植被覆盖区域”明显位于更高的语义层级上，因此在模量部分映射时该实体的模量会小于“红树林区域”的模量部分。相位部分则用于区分同一语义层级上的实体，同一语义层级上的实体会被映射为接近模量，但其相位部分却能够存在很大的不同，从而将其区分开来。通过模量部分与相位部分的结合，自学习语义层次感知知识图谱嵌入模型将知识图谱中的实体映射为具有明显层次关系的极坐标稠密向量。

采用以上映射方式之后，由于关系在知识图谱表示学习中被映射为向量间的变换，对于相同语义层级实体间的关系，其模量变换部分为 1，而不同语义层级实体间关系的模量变换部分则不为 1。进而在进行关系预测时，能够较好地利用语义层级信息，提高关系预测的可靠性。自学习语义层次感知知识图谱嵌入模型采用的是负采样损失函数和自我对抗训练，其损失函数为

$$\mathcal{L}=-\ln\sigma(\gamma-d_r(h,t))-\sum_{i=1}^{n}p(h_i',r,t_i')\ln\sigma(d_r(h_i',t_i')-\gamma) \tag{6.4}$$

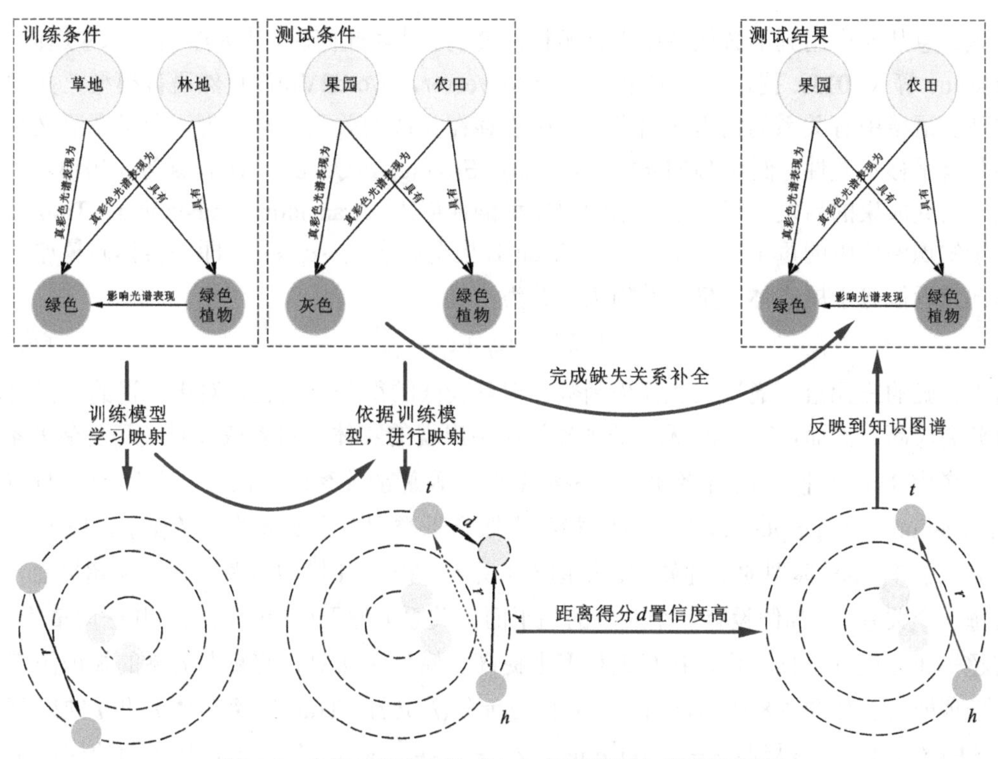

图 6.6　自学习语义层次感知知识图谱嵌入模型流程图

式中：γ 为超参数；σ 为 sigmoid 函数；$p(h_i',r,t_i')$ 为采样的负三元组的概率分布函数；$d_r(h,t)$ 为三元组的距离函数，计算了实体 h 和 t 之间的距离。对于正确的映射向量而言，正样本的距离函数值应当较小，而负样本的距离函数值应当较大，因此通过上述损失函数可以对映射结果进行整体约束，训练模型的正确映射能力。

本节借助先验知识完成了基于遥感领域专家群体的遥感领域本体建模，构建了包含 5 大类时空属性和非时空属性及 4 大类时空关系和非时空关系的遥感知识图谱。如图 6.7 所示，构建的遥感知识图谱实体和属性共有 3 870 个，关系三元组为 7 252 个。

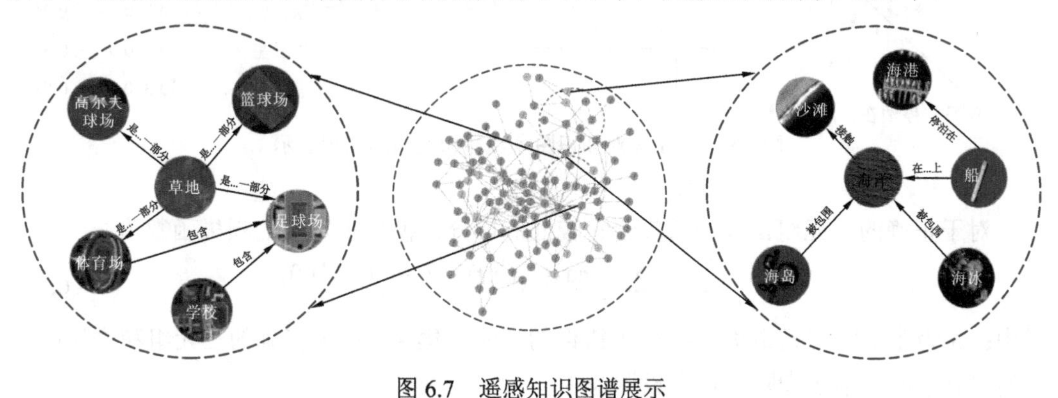

图 6.7　遥感知识图谱展示

6.2.2　知识图谱的表示学习

在构建了遥感知识图谱后，如何对实体和关系进行表示，充分挖掘知识图谱蕴含的知识信息从而应用到下游任务中去是亟待研究的。针对此问题，表示学习技术应运而生。Mikolov 等（2013）提出了词向量（word to vector，Word2Vec）自然语言模型，并发现在现实语境中有关系的词语在语义空间中也存在类似的关系，也称为词向量在语义空间中具有平移不变性，例如 E(Man)-E(Woman)≈ E(King)-E(Queen)。Bordes 等（2013）受到这一研究成果的启发，提出了表示学习模型翻译嵌入（translating embedding，TransE）。对于知识图谱中的每个三元组(h, r, t)，TransE 模型假设 $c_h + c_r \approx c_t$，即头实体向量加上关系向量近似等于尾实体向量。其损失函数为

$$f_r(h,t) = \|c_h + c_r - c_t\|_2^2 \tag{6.5}$$

对于正确的三元组，通过上述损失函数会得到较低的得分，反之，对于错误的三元组，得分会较高。然而，TransE 无法处理知识图中出现的实体一对多或多对一等复杂关系。

考虑 TransE 模型面对诸如一对多和多对一等复杂关系的局限性，采用超平面翻译（translation on hyperplanes，TransH）模型提取场景类别对应实体的语义表示，TransH 模型克服了 TransE 模型的上述缺点。如图 6.8 所示，TransH 模型将关系建模为超平面，针对每一个关系 r，都假设有一个对应的超平面，关系 r 位于该超平面上，其法向量为 $\boldsymbol{w}$，在超平面上进行平移操作，在很大程度上提高了模型在面对含有复杂关系的知识图谱时的处理能力。如图 6.8 所示，对于给定的三元组(h, r, t)，TransH 将实体 h 和 t 映射到关系 r 的超平面上，得到 $c_{h_\perp} = c_h - \boldsymbol{w}_r^{\mathrm{T}} c_h w_r$，$c_{t_\perp} = c_t - \boldsymbol{w}_r^{\mathrm{T}} c_t w_r$，其中 $\boldsymbol{w}_r$ 是超平面的法向量，对于一个正确的三元组，即 $c_{h_\perp} + c_r \approx c_{t_\perp}$，其损失函数为

$$f_r(h,t) = \|c_{h_\perp} + c_r - c_{t_\perp}\|_2^2 \tag{6.6}$$

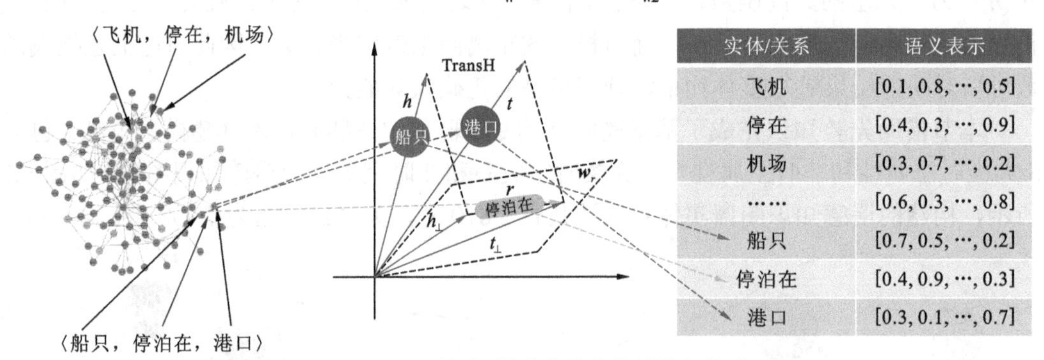

实体/关系	语义表示
飞机	[0.1, 0.8, ⋯, 0.5]
停在	[0.4, 0.3, ⋯, 0.9]
机场	[0.3, 0.7, ⋯, 0.2]
……	[0.6, 0.3, ⋯, 0.8]
船只	[0.7, 0.5, ⋯, 0.2]
停泊在	[0.4, 0.9, ⋯, 0.3]
港口	[0.3, 0.1, ⋯, 0.7]

图 6.8　TransH 对知识图谱实体和关系的知识表示

对于正确的三元组，模型希望给它较低的得分，模型中定义的损失函数为

$$\mathcal{L} = \sum_{(h,r,t)\in\Delta} \sum_{(h',r',t')\in\Delta'} \max(f_r(h,t) + \gamma - f_{r'}(h',t'), 0) \tag{6.7}$$

式中：Δ 为正确的三元组集合；Δ' 为错误的三元组集合；γ 为正确的三元组和错误的三元组得分之间的最小间隔，通常设置为 1。

通过这种机制，TransH 模型使得相同关系中的实体具有了不同的向量表示，较好地处理了一对多和多对一等复杂关系。这种通过基于遥感知识图谱（remote sensing knowledge graph，RSKG）的表示学习获取遥感影像场景类别语义表示的方法称为遥感知识图谱语义表示（semantic representation of RSKG，SR-RSKG）。在实际任务中，假设

$Y=\{y_1,y_2,\cdots,y_M\}$ 表示数据集中每个遥感影像场景的标签，其中 M 表示数据集的样本数。对于每个标签 $y_i \in Y$ ，由于在前文中创建的遥感知识图谱中的实体和此标签之间存在一对一的对应关系，使用 SR-RSKG 即可获得该遥感影像场景标签的语义表示 $c_i \in C$ 。

为了更加直观地对比不同方法在获取遥感影像场景语义表示方面的优劣，以遥感影像场景数据集中包含的 70 类遥感影像场景提取对应的类别语义表示，分别对比在零样本分类中最常用的两类获取语义表示的方法：基于自然语言模型获取语义表示和手动创建的属性向量（邵心玥，2020）。其中自然语言模型类方法对比了 Word2Vec 和翻译双向编码器表示（bidirectional encoder representation from transformers，BERT）（Devlin et al.，2019）。由于目前不存在专为遥感领域设置的自然语言语料库，研究中使用的 Word2Vec 和 BERT 模型均为预训练模型并继承其维度。其中 Word2Vec 模型基于维基百科语料库训练，向量维度为 300 维；对于 BERT 模型，针对每一类遥感影像场景，抽取 10 张以上的遥感场景影像，用一句具有概括性的语句对它们进行总结描述，然后将其映射为一个 1 024 维的语义表示向量；对于手工标注向量（Attribute），根据每个影像类别所包含的颜色、形状和对象，手工设计了表示向量的每个维度，通过尽可能细化遥感影像场景包含的元素，创建了 59 维的语义表示向量；最后使用 SR-RSKG 方法得到各遥感影像场景类别的 50 维语义表示向量。

然后，通过 t 分布随机邻域嵌入（t-SNE）（van der Maaten et al.，2008）对以上 4 种语义表示向量进行可视化对比，t-SNE 是一种非线性的降维方法，适合将高维数据降至低维向量，从而进行特征的可视化，如图 6.9 所示。

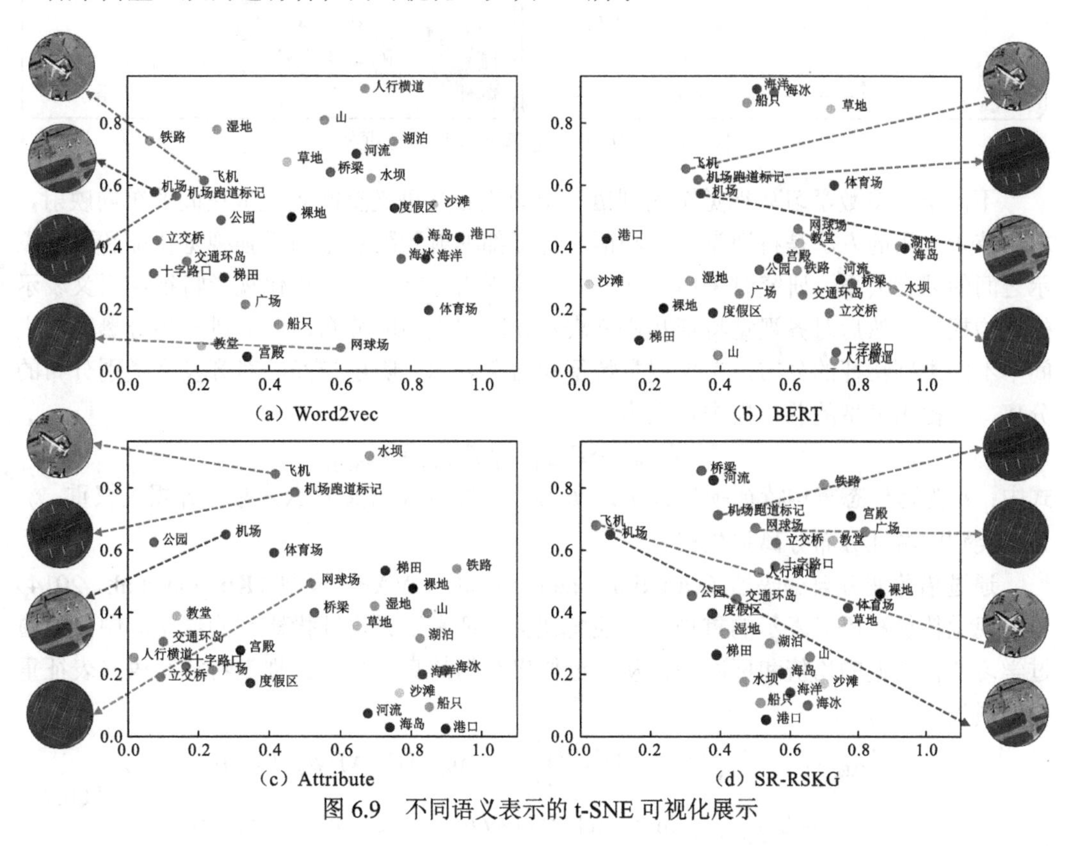

图 6.9　不同语义表示的 t-SNE 可视化展示

6.2.3 零样本遥感影像场景分类

在实际研究中，将零样本遥感影像场景分类问题进一步细分为零样本分类（只包含不可见类）与广义零样本分类（既包含可见类又包含不可见类）问题。针对上述问题，本小节提出深度跨模态匹配模型，其整体框架如图 6.10 所示，首先将视觉特征和语义表示在隐层空间进行对齐，然后在此基础上进一步分离特征在不同类别之间的分布，提高在零样本遥感影像场景分类任务中的性能。

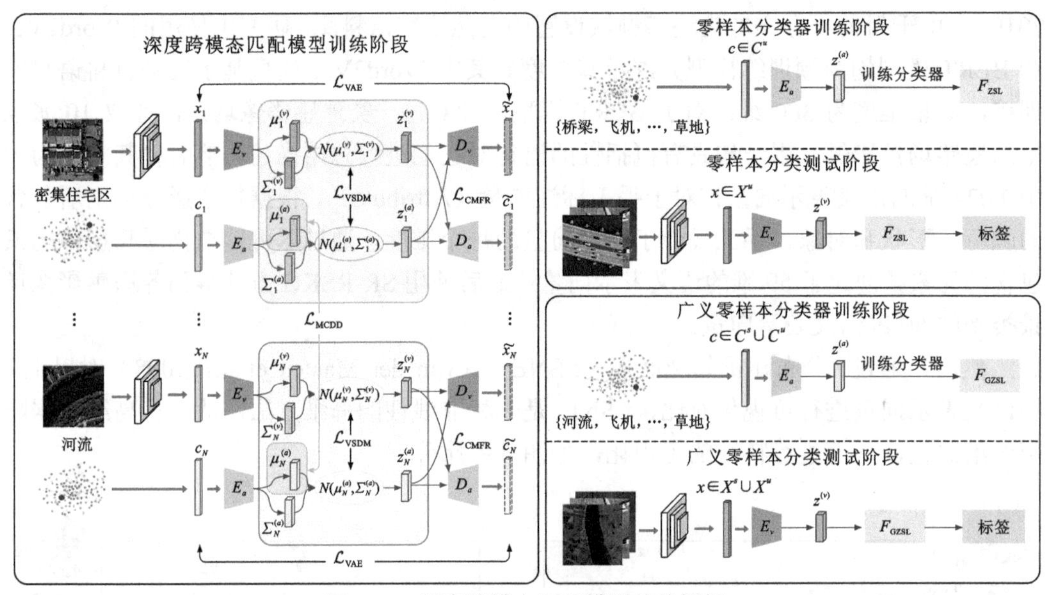

图 6.10 深度跨模态匹配模型整体框架

不同于大多数学习从视觉空间到语义空间或者从语义空间到视觉空间的单向映射，本小节所采用的方法是将视觉特征和语义特征都映射到隐层空间增强视觉特征和语义表示之间的耦合关系。研究时采用方法的具体流程为：首先，最小化视觉特征和语义表示的重构损失，然后对齐视觉特征和语义表示在隐层空间的分布，最后进一步分离隐层空间中不同类别特征的分布。考虑视觉特征和语义表示在隐层空间的对齐及多类别分布的分离，所提出模型的总体损失定义为

$$\mathcal{L} = \mathcal{L}_{\mathrm{VAE}} + \alpha \mathcal{L}_{\mathrm{CMFR}} + \beta \mathcal{L}_{\mathrm{VSDM}} + \gamma \mathcal{L}_{\mathrm{MCDD}} \tag{6.8}$$

式中：α 为跨模态重构特征损失权重；β 为视觉特征和语义表示分布对齐损失权重；γ 为多类别间特征分布分离损失权重。

通过借鉴变分自编码器（variational auto-encoder，VAE）模型（Kingma et al.，2014）学习视觉特征和语义表示的重构，实现将视觉特征和语义表征投影到隐层空间中，即通过学习整体数据的均值和标准差，从而近似出数据的真实分布。视觉特征和语义表征重构的损失函数为

$$\begin{aligned}\mathcal{L}_{\mathrm{VAE}} = & E_{q_{\phi^{(v)}}(z^{(v)}|x)}\left[\ln p_{\theta^{(v)}}(x|z^{(v)})\right] - D_{\mathrm{KL}}(q_{\phi^{(v)}}(z^{(v)}|x)\cdot p_{\theta^{(v)}}(z^{(v)})) \\ & + E_{q_{\phi^{(a)}}(z^{(a)}|c)}\left[\ln p_{\theta^{(a)}}(c|z^{(a)})\right] - D_{\mathrm{KL}}(q_{\phi^{(a)}}(z^{(a)}|c)\cdot p_{\theta^{(a)}}(z^{(a)}))\end{aligned} \tag{6.9}$$

式中：D_{KL} 为 KL 散度；x 为视觉特征的原始输入；$q_{\phi^{(v)}}$ 为视觉特征的编码器；$p_{\theta^{(v)}}$ 为视觉特征的解码器；c 为语义表示的原始输入；$q_{\phi^{(a)}}$ 为语义表示的编码器；$p_{\theta^{(a)}}$ 为语义表示的解码器；$z^{(v)}$ 和 $z^{(a)}$ 分别为在隐层空间中的视觉特征和语义表示。

接下来，需要在隐层空间中对齐视觉特征和语义表示。

第一步是跨模态特征重构（cross-modal feature reconstruction，CMFR）。视觉特征和语义表示将交叉输入到另一个模态对应的编码器中，跨模态特征重构的损失函数为

$$\mathcal{L}_{\mathrm{CMFR}} = \sum_{i=1}^{N} \left| x_i - p_{\theta^{(v)}}(q_{\phi^{(a)}}(c_i)) \right| + \left| c_i - p_{\theta^{(a)}}(q_{\phi^{(v)}}(x_i)) \right| \tag{6.10}$$

式中：N 为训练集样本数量；x_i 和 c_i 分别为同一遥感影像场景类别对应的视觉特征和语义表示。通过跨模态特征重构，视觉特征对应的解码器 $p_{\theta^{(v)}}$ 将语义表示的隐层特征作为输入并将其解码为相应类别的视觉特征；语义表示对应的解码器 $p_{\theta^{(a)}}$ 将视觉特征的隐层特征作为输入并将其解码为相应类别的语义表示。

第二步是视觉和语义分布对齐（visual and semantic distribution matching，VSDM）。视觉特征和语义表示在隐层空间的分布分别由其均值 $\mu_i^{(v)}$、$\mu_i^{(a)}$ 和标准差 $E_i^{(v)}$、$E_i^{(a)}$ 确定。视觉和语义分布对齐的损失函数为

$$\mathcal{L}_{\mathrm{VSDM}} = \sum_{i=1}^{N} \sqrt{\left\| \mu_i^{(v)} - \mu_i^{(a)} \right\|_2^2 + \left\| \sqrt{E_i^{(v)}} - \sqrt{E_i^{(a)}} \right\|_F^2} \tag{6.11}$$

式中：N 为训练集样本数量；$\mu_i^{(v)}$ 和 $\sqrt{E_i^{(v)}}$ 为潜在空间视觉特征分布的均值和标准差；$\mu_i^{(a)}$ 和 $\sqrt{E_i^{(a)}}$ 为潜在空间语义表示分布的均值和标准差。在广义零样本分类的测试阶段，需要利用不可见类的语义表示作为输入生成隐层特征用于训练分类器，分类器将会对对应的不可见类别的视觉特征的隐层特征进行分类。视觉和语义分布对齐保证了来自不同模态的特征输入在隐层空间的特征是相似的，这将大大提高模型的分类性能。

跨模态特征重构、视觉和语义分布对齐的操作一定程度上会导致不同类别之间的特征在空间中分布位置过于相似，再加上遥感影像场景类间相似性高的特点，这对分类任务非常不利。为此，增加约束条件，定义多类别分布分散（multi-category distribution dispersion，MCDD）的损失函数为

$$\mathcal{L}_{\mathrm{MCDD}} = \left\| \boldsymbol{V}\boldsymbol{H}\boldsymbol{V}^{\mathrm{T}} - \boldsymbol{I} \right\|_F^2 \tag{6.12}$$

式中：$\boldsymbol{V} = [\mu_1^{(a)}, \mu_2^{(a)}, \cdots, \mu_N^{(a)}] \in \mathbf{R}^{d \times N}$，$\boldsymbol{H} = (N \cdot \boldsymbol{P} - \boldsymbol{W}) / N$，$\boldsymbol{P} \in \mathbf{R}^{N \times N}$ 为单位矩阵，$\boldsymbol{W} \in \mathbf{R}^{N \times N}$ 表示元素全部为 1 的矩阵，$\boldsymbol{I} \in \mathbf{R}^{d \times d}$ 为单位矩阵。通过使不同语义表示的隐层空间分布均值之间的方差最大化，达到让不同语义表示的隐层空间分布均值具备足够的差异，进而使不同类别在隐层空间中的分布更加分散。

需要特别说明的是，零样本分类任务和广义零样本分类任务共享相同视觉特征编码器和语义表示编码器。但是在训练最终分类器时，它们之间略有不同，具体说明如下。在本分类任务中，设 $C \in C^u$ 表示不可见类遥感影像场景类别的语义表示，$X \in X^u$ 表示不可见类遥感影像场景的视觉特征。通过使用语义表示对应的编码器 $q_{\phi^{(a)}}$ 将 C 映射到隐层空间得到 $Z^{(a)}$，如式（6.13）所示。通过使用视觉特征对应的编码器 $q_{\phi^{(v)}}$ 将视觉特征 X 映射到隐层空间得到 $Z^{(v)}$，如式（6.14）所示。

$$Z^{(a)} = q_{\phi^{(a)}}(C) \tag{6.13}$$

$$Z^{(v)} = q_{\phi^{(v)}}(X) \tag{6.14}$$

为了训练零样本分类器，其目标是从不可见类别中识别影像场景，损失函数可以写为 $\min\limits_{F_{\text{ZSL}}} -\sum y_i \ln r_i$，其中：$y_i \in Y^u$，$r_i \in R$，$R = \sigma(Z^{(a)} \cdot F_{\text{ZSL}})$，其中 $\boldsymbol{F}_{\text{ZSL}}$ 表示分类映射矩阵；$\sigma(\cdot)$ 表示 softmax 激活函数；$Z^{(a)}$ 由 $C \in C^u$ 生成。在测试阶段，给定不可见类别的测试影像，X 表示其视觉特征，其标签可以通过分类器映射矩阵 $\boldsymbol{F}_{\text{ZSL}}$ 和 $Z^{(v)} = q_{\phi^{(v)}}(X)$ 进行判别。

广义零样本分类任务训练分类器与零样本分类不同，其需要将影像场景从可见或不可见的类别中进行分类。因此，设 $C \in C^u \cup C^s$ 表示来自可见类或不可见类范畴的语义表示，$X \in X^u \cup X^s$ 表示可见或不可见范畴中影像场景的视觉特征。通过式（6.9）使用语义表示编码器 $q_{\phi^{(a)}}$ 将语义表示 C 映射到隐层空间获得 $Z^{(a)}$，通过式（6.10）使用视觉特征编码器 $q_{\phi^{(v)}}$ 将视觉特征 X 映射到隐层空间获得 $Z^{(v)}$。为了训练广义零样本分类器，其目标是同时能够识别来自可见类和不可见类别中的遥感影像场景，其损失函数可以写为 $\min_{F_{\text{GZSL}}} -\sum y_i \ln r_i$，其中：$y_i \in Y^s \cup Y^u$，$r_i \in R$，$R = \sigma(Z^{(a)} \cdot \boldsymbol{F}_{\text{ZSL}})$，其中 $\boldsymbol{F}_{\text{GZSL}}$ 表示分类映射矩阵，$\sigma(\cdot)$ 表示 softmax 激活函数，$Z^{(a)}$ 由 $C \in C^u$ 生成。在测试阶段，给定来自可见类或者不可见类的测试图像，X 表示其视觉特征，其标签可以通过分类器映射矩阵 $\boldsymbol{F}_{\text{GZSL}}$ 和 $Z^{(v)} = q_{\phi^{(v)}}(X)$ 进行判别。

为了便于理解，在算法 6-1（表 6.1）中简要总结了所提出方法的训练和测试流程。

表 6.1 算法 6-1

算法 6-1 深度跨模态匹配模型算法
训练阶段：
输入：可见类遥感影像场景数据集
输出：视觉特征编码器 $q_{\phi^{(v)}}$；语义表示编码器 $q_{\phi^{(a)}}$
通过式（6.4）学习 $q_{\phi^{(v)}}$ 和 $q_{\phi^{(a)}}$
零样本分类测试阶段：
输入：视觉特征 $X \in X^u$，与其对应的语义表示 $C \in C^u$；视觉特征编码器 $q_{\phi^{(v)}}$；语义表示编码器 $q_{\phi^{(a)}}$
输出：不可见类遥感影像场景的标签
1：通过式（6.9）利用语义表示编码器计算语义表示 C 的隐层特征 $Z^{(a)}$
2：利用 $Z^{(a)}$ 训练分类器 $\boldsymbol{F}_{\text{ZSL}}$
3：通过式（6.10）利用视觉特征编码器计算视觉特征 X 的隐层特征 $Z^{(v)}$
4：利用分类器 $\boldsymbol{F}_{\text{ZSL}}$ 预测 $Z^{(v)}$ 的标签
广义零样本分类测试阶段：
输入：视觉特征 $X \in X^u \cup X^s$，与其对应的语义表示 $C \in C^u \cup C^s$；视觉特征编码器 $q_{\phi^{(v)}}$；语义表示编码器 $q_{\phi^{(a)}}$
输出：可见类和不可见类遥感影像场景的标签
1：通过式（6.9）利用语义表示编码器计算语义表示 C 的隐层特征 $Z^{(a)}$
2：利用 $Z^{(a)}$ 训练分类器 $\boldsymbol{F}_{\text{GZSL}}$
3：通过式（6.10）利用视觉特征编码器计算视觉特征 X 的隐层特征 $Z^{(v)}$
4：利用分类器 $\boldsymbol{F}_{\text{GZSL}}$ 预测 $Z^{(v)}$ 的标签

6.3 实验结果与分析

6.3.1 实验数据集与评价指标

在零样本遥感影像场景分类任务中，为了能够利用可见类别表示出不可见类别，数据集应该具有足够丰富的类别，而目前遥感领域公开的场景数据集中普遍类别不够丰富，本节实验结合目前公开的 5 个遥感影像数据集，包括西北工业大学遥感影像场景分类数据集（Northwestern Polytechnical University remote sensing image scene classification dataset 45，NWPU-RESISC45）（Cheng et al.，2017）、AID （Xia et al.，2017）、UCM 数据集（Yang et al.，2010）、PatternNet 数据集（Zhou et al.，2018）、RSI-CB256 数据集（Li et al.，2017a），对这些数据集中的类别进行汇总，最终形成的遥感影像场景数据集如图 6.11 所示。

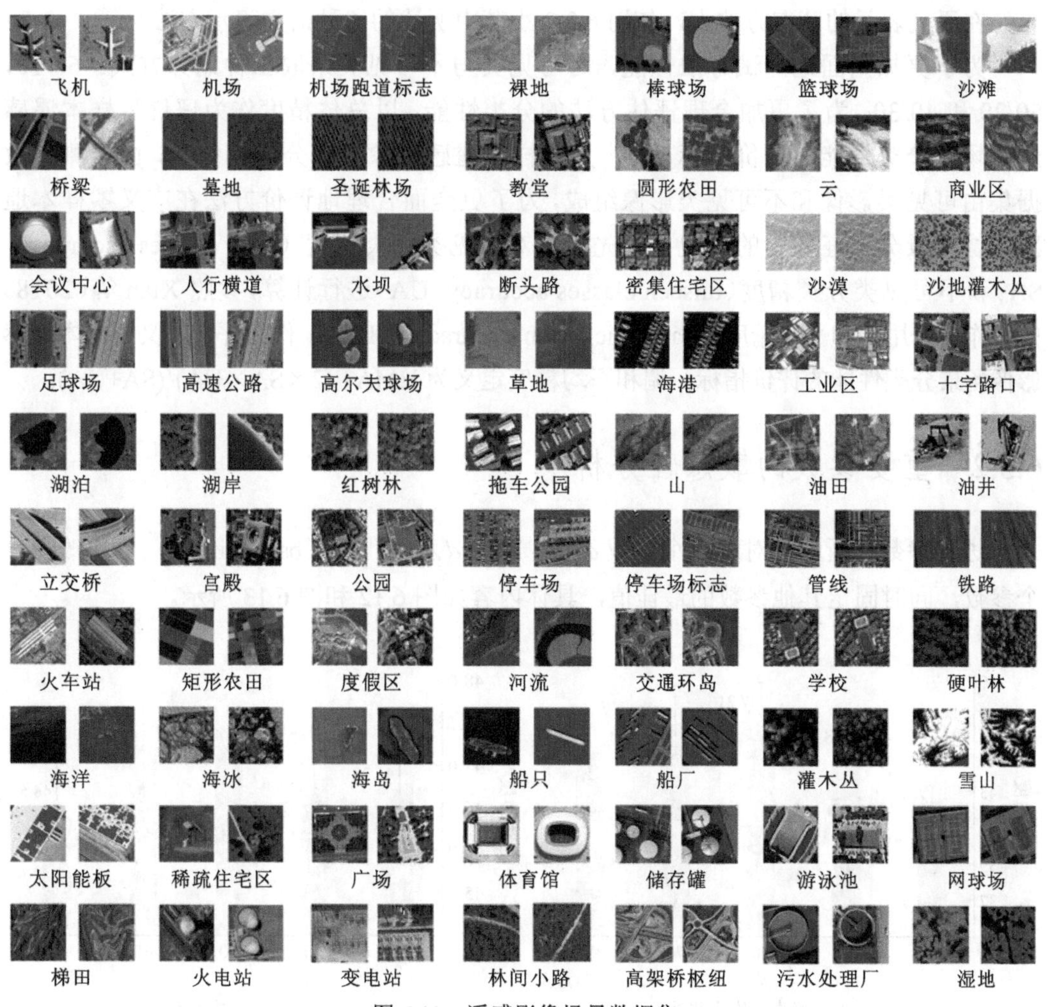

图 6.11 遥感影像场景数据集

在进行遥感影像场景零样本分类任务的实验时，对于隐层空间映射模块，本方法参考变分自编码器的网络结构。其中编码器和解码器具有 512 个隐藏层单元，编码器和解码器具有 256 个隐藏层单元，隐层空间嵌入向量的维度设置为 32。对于表示学习的维数和方法模型参数 α、β、γ，对它们进行了具体的分析，并给出了推荐设置。在隐层特征分类模块中，训练了一个柔性最大值传输函数（softmax）分类器对隐层特征进行分类。

对于视觉特征，遥感影像场景数据集使用图 6.11 所展示的数据集。研究中使用 ResNet 模型（Gui et al.，2018）提取遥感影像场景的 512 维卷积神经网络特征向量作为视觉特征。对于零样本分类和广义零样本分类任务，仅使用可见类遥感影像场景中的影像样本来微调 ResNet 模型。在零样本分类任务中，将可见类中 800 幅影像样本全部用于训练。在广义零样本分类任务中，考虑可见类中的一些样本需要参与后续的测试阶段，为了保证实验结果的客观准确，从每个可见类中选取 600 幅影像来训练 ResNet 模型，其余的 200 幅影像参与广义零样本分类任务的测试。

在语义表示的获取方法上，使用 6.2.2 小节中所述的 4 种语义表示方法。

为了更加全面地测试方法性能，对可见类与不可见类采取三种划分方式：60/10，50/20 和 40/30。为了更加合理评估方法的分类性能，以总体精度作为评价零样本遥感影像场景分类性能的评价指标。在广义零样本遥感影像场景分类任务中，由于测试数据集由可见类影像和不可见类影像组成，为了更全面合理地评价方法在广义零样本遥感影像场景分类任务中的表现，首先分别对可见类分类精度（seen classes accuracy，SA）和不可见类分类精度（unseen classes accuracy，UA）进行计算，参照 Xian 等（2018）的工作，采用调和平均精度（harmonic mean accuracy，HMA）作为评价广义零样本遥感影像场景分类性能的评价指标。调和平均精度定义为 HMA=(2×SA×UA)/(SA+UA)。

6.3.2 重要参数的敏感性分析

进行参数分析时，对于 5 个参数 α、β、γ、d 和批尺寸（batch size），每次改变一个参数，同时固定其他参数的最佳值，具体内容如图 6.12 和图 6.13 所示。

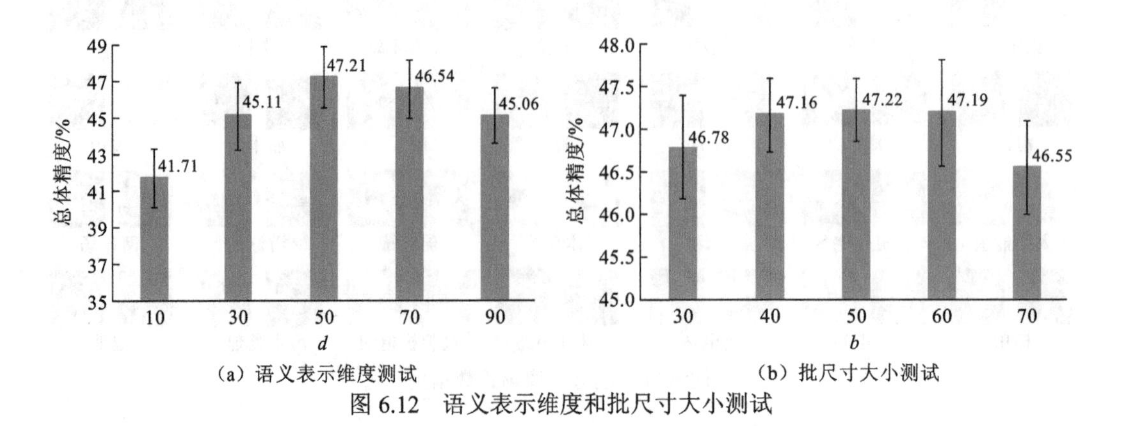

(a) 语义表示维度测试　　(b) 批尺寸大小测试

图 6.12　语义表示维度和批尺寸大小测试

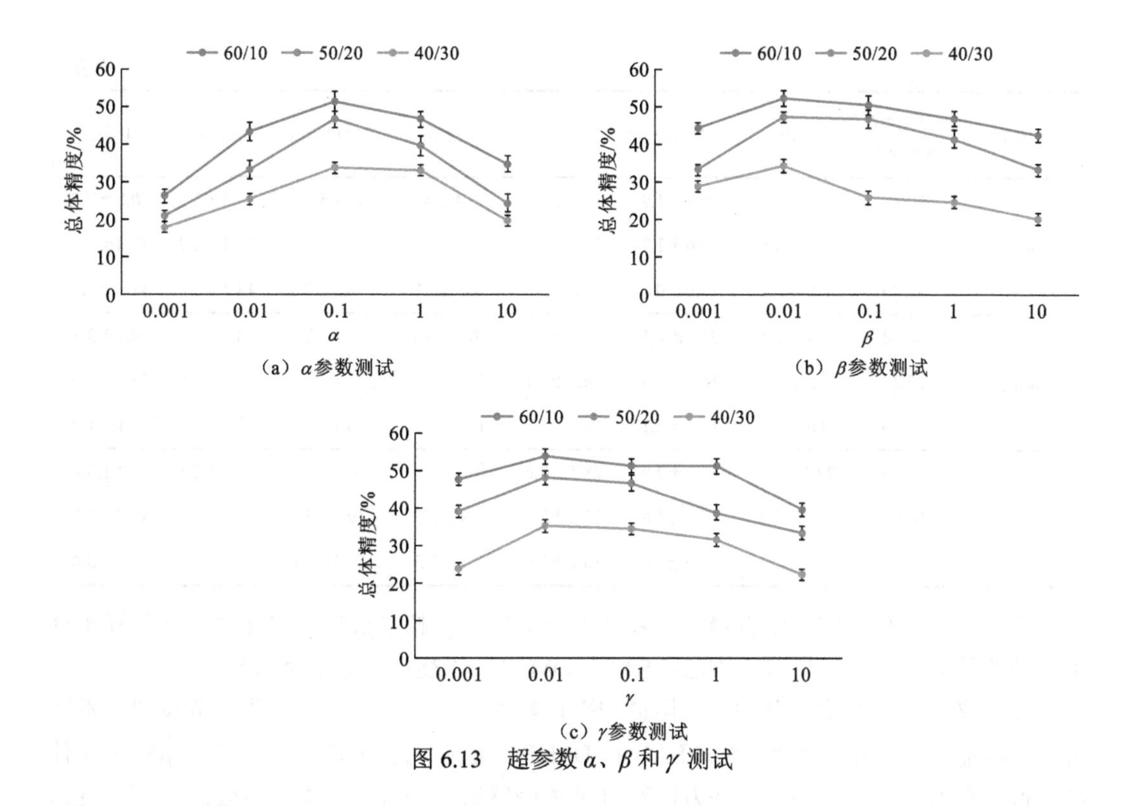

（a）α参数测试

（b）β参数测试

（c）γ参数测试

图 6.13　超参数 α、β 和 γ 测试

6.3.3　与已有方法的对比分析

首先进行零样本分类任务的不同方法对比。为了展示本方法的优越性，考虑与以下方法进行对比：语义自编码器（SAE）、双视觉-语义映射（dual visual-semantic mapping，DMaP）、语义保持局部嵌入（semantics-preserving locality embedding，SPLE）、创造激励零样本学习（creativity inspired zero-shot learning，CIZSL）、交叉分布对齐变分自编码器（cross and distribution aligned VAE，CADA-VAE）（Schonfeld et al.，2019）、基于结构对齐的零样本场景分类（zero-shot scene classification algorithm based on structural alignment，ZSC-SA）（Quan et al.，2018）。为了比较的客观性，以上方法中的参数都是按照前文中的参数来设置的。

如表 6.2 所示，本方法在不同的可见类/不可见类比例和不同的语义表示下，都明显优于其他的方法。而 SR-RSKG 在大多数情况下性能最好。这证明了基于遥感领域知识图谱表示学习获得的语义表示优于自然语言模型提取的语义表示。

表 6.2　零样本分类任务中不同划分方式下不同方法的准确率对比　　（单位：%）

方法	可见类/不可见类	SAE	DMaP	SPLE	CIZSL	CADA-VAE	ZSC-SA	DCA
Word2Vec	60/10	23.5±4.2	26.0±3.6	20.1±3.7	20.6±0.4	41.4±2.3	26.7±5.3	**44.3±2.6**
	50/20	13.7±1.7	16.7±2.2	13.2±1.9	10.6±3.7	30.3±2.7	15.2±1.0	**34.7±1.7**
	40/30	9.6±1.4	10.4±0.9	9.8±1.4	6.0±1.2	21.2±2.9	12.1±0.8	**24.3±3.7**

续表

方法	可见类/不可见类	SAE	DMaP	SPLE	CIZSL	CADA-VAE	ZSC-SA	DCA
BERT	60/10	22.0±1.7	16.4±1.9	19.0±3.8	20.4±4.1	48.1±2.9	29.3±3.8	**50.2±2.5**
	50/20	12.4±1.9	15.6±1.9	13.2±2.6	10.3±1.9	37.1±3.5	18.3±1.3	**43.4±2.7**
	40/30	8.8±1.3	10.0±0.8	8.3±2.0	6.2±2.1	26.3±2.2	13.1±3.0	**31.5±2.0**
Attribute	60/10	23.6±2.8	31.2±4.1	26.8±2.1	16.4±3.1	47.1±2.9	28.5±3.2	**50.1±3.3**
	50/20	12.1±1.7	18.7±2.4	16.6±2.1	7.5±3.2	35.2±2.1	19.4±2.8	**43.1±1.5**
	40/30	8.6±1.0	12.6±1.1	10.7±1.2	6.2±2.9	26.1±2.6	12.7±2.1	**30.1±1.9**
SR-RSKG	60/10	22.1±2.3	33.1±2.9	28.5±2.6	18.2±2.6	50.5±2.6	31.3±2.5	**53.3±3.8**
	50/20	12.8±2.3	20.3±1.8	17.2±2.1	8.9±2.5	39.6±3.1	19.1±1.7	**45.2±1.3**
	40/30	9.2±1.5	12.9±2.4	10.2±1.6	7.1±1.5	28.2±2.6	13.6±2.5	**33.4±3.0**

为了追求泛化，实验中直接重用零样本分类任务的超参数设置来评估广义零样本分类任务的效果。主要对比以下方法：SAE、DMaP、CIZSL 和 CADA-VAE。

在广义零样本分类任务中，使用调和平均精度评估广义零样本分类任务设置下不同方法的性能。如表 6.3 所示，诸如 SAE 和 DMaP 方法在调和平均精度得分上相较于总体精度得分有所提升，主要是这些方法对可见类遥感影像场景的分类精度较高。而深度跨模态对齐（deep cross-model alignment，DCA）方法将视觉潜在特征和语义潜在表示对齐，同时分离潜在空间中不同的类分布，增强了视觉特征和语义表示的耦合，提高了分类精度，保持了可见类精度和不可见类精度的良好平衡，因此在调和平均精度评价指标上得分更优。

表 6.3　广义零样本分类任务中不同划分方式下不同方法的准确率对比　（单位：%）

方法	可见类/不可见类	SAE	DMaP	CIZSL	CADA-VAE	DCA
Word2Vec	60/10	27.97±1.13	28.88±1.26	25.18±0.86	32.88±2.54	**34.09±1.34**
	50/20	20.99±1.90	20.33±1.13	15.70±0.86	30.25±3.07	**31.44±1.66**
	40/30	17.15±0.55	16.78±1.10	9.10±1.32	**26.06±0.79**	25.63±0.26
BERT	60/10	28.57±0.94	26.57±0.65	25.00±1.25	36.34±2.03	**37.96±1.65**
	50/20	21.52±1.38	19.52±1.42	14.95±1.51	**31.51±2.27**	31.45±1.85
	40/30	16.65±0.40	16.31±1.24	8.57±0.57	27.05±0.79	**28.15±1.16**
Attribute	60/10	28.58±0.93	30.71±0.78	23.88±0.87	36.00±2.19	**37.60±1.24**
	50/20	20.52±1.75	23.55±0.87	14.27±1.05	32.17±2.41	**32.66±0.80**
	40/30	16.73±1.06	16.12±0.82	8.11±0.98	26.13±0.79	**28.79±0.92**
SR-RSKG	60/10	28.86±0.60	30.11±1.39	23.65±0.61	38.10±1.89	**40.25±0.84**
	50/20	23.66±1.06	23.41±1.21	13.93±1.01	32.94±1.42	**34.11±0.45**
	40/30	16.94±1.03	16.20±1.62	8.14±0.87	28.11±0.79	**29.61±0.82**

为了更直观地显示，实验中在广义零样本分类任务设置下将可见/不可见比率设置为60/10，并在图 6.14 中显示影像特征和语义表示的原始特征 t-SNE 降维显示和隐层空间中特征的 t-SNE 降维显示。同一类别的特征用同一颜色表示，圆形代表可见类的影像特征，三角形代表可见类的语义表示，正方形代表不可见类的影像特征，五角星代表不可见类的语义表示。通过图 6.14 可以直观显示出对齐之前的视觉特征和语义表示经过深度跨模态对齐之后，视觉特征和语义表示在潜在空间中的分布已经明显对齐。在图 6.15 中，使用基于遥感知识图谱表示学习获得的表示向量作为语义表示，将可见/不可见比率设置为 60/10，显示在广义零样本分类设置下不同方法的分类结果，其中用“×”表示错误预测。从结果中可以看出，SAE、DMaP 等传统零样本分类方法受可见类影响较大，在广义零样本分类任务中仅能针对可见类的场景影像正确分类，CIZSL 和 CADA-VAE 则分别通过使用生成模型和交叉损失等，改善方法在广义零样本分类中的表现，所提方法则通过引入深度跨模态对齐网络，进一步提高对可见类及不可见类影像的分类性能。

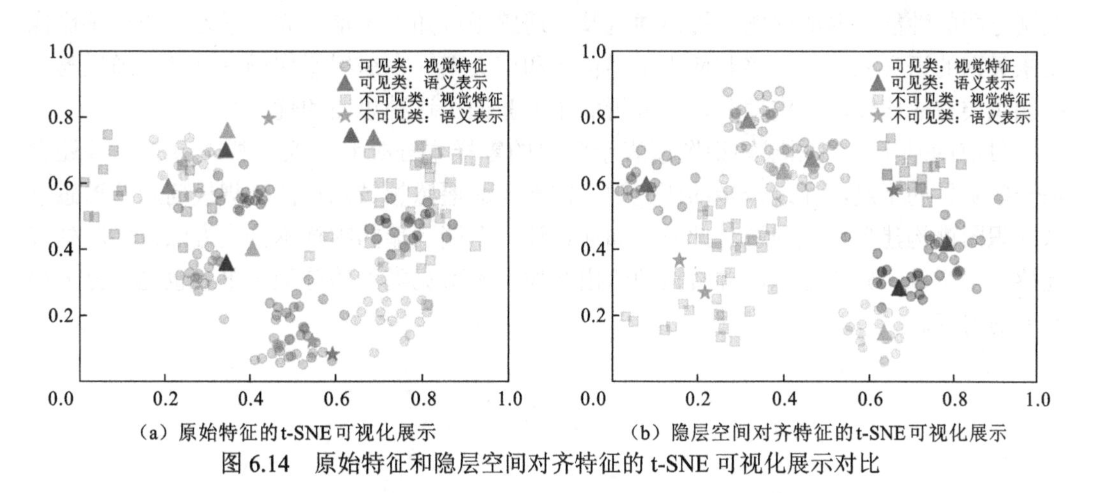

(a) 原始特征的t-SNE可视化展示　　(b) 隐层空间对齐特征的t-SNE可视化展示

图 6.14　原始特征和隐层空间对齐特征的 t-SNE 可视化展示对比

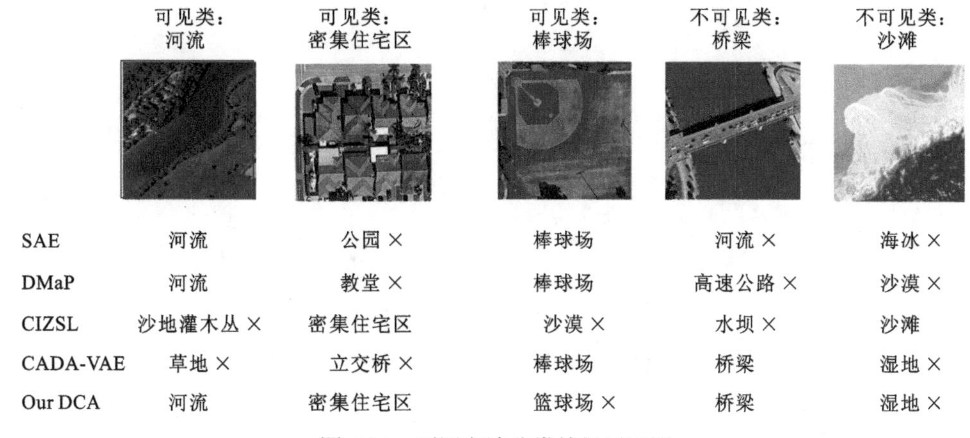

图 6.15　不同方法分类结果展示图

6.4 本章小结

本章首先采用了结合自顶向下和自底向上的方式构建起能够用于遥感影像场景零样本分类的遥感领域知识图谱，构建的遥感知识图谱包含3870个实体、7252组三元组。然后通过知识图谱的表示学习技术获取知识图谱中实体的知识表示，最后将获取的知识表示作为先验知识应用于零样本遥感影像场景分类任务。具体将翻译模型与遥感领域知识图谱结合从而能够获取遥感影像场景类别的语义表示。对基于遥感领域知识图谱表示学习获取的语义表示及基于Word2Vec、BERT和Attribute三种在零样本分类领域广泛使用的获取语义表示方法获取的语义表示进行了可视化对比，结果表明基于遥感领域知识图谱表示学习方法获取语义表示的有效性，为零样本遥感影像场景分类提供了高质量的语义表示基础。针对基于广义语料库的自然语言处理模型在恰当描述面向遥感影像场景类别方面的性能较弱的问题，提出通过基于遥感领域知识图谱的表示学习生成遥感影像场景类别的语义表示，并将其应用于零样本和广义零样本遥感影像场景分类。通过与传统知识类型的比较，从定性和定量分析的角度验证了这种思路的优越性。

目前的基于遥感领域知识图谱表示学习的零样本分类和广义零样本分类任务还存在一些明显的不足，在进一步的研究中，需要考虑遥感领域知识图谱规模问题及遥感领域知识图谱构建自动化问题。此外，如何设计一个端到端的零样本分类方法，同时处理遥感场景影像和先验知识，并直接地给出影像上不可见类别的分类结果，也是十分值得研究的内容。

第7章 基于场景标签约束深度学习的遥感影像目标检测

7.1 概述

遥感影像的多类别目标检测具有广泛的应用前景，同时也更具挑战性。相比于自然影像目标检测，遥感影像目标检测会面临目标尺度多变、分布密集、方向任意等诸多问题。利用深度学习技术可以将在大规模自然影像数据集上预先训练好的网络模型用于遥感任务。然而，基于深度学习的遥感目标检测方法（Zou et al.，2018；Long et al.，2017；Cheng et al.，2016）依赖边界框标注样本来训练或微调网络模型。众所周知，遥感影像的目标边界框标注是非常费时费力的，而相比于边界框标注，场景级标签标注更容易收集，并且目前公开的遥感影像场景分类数据集更为丰富（Cheng et al.，2017；Xia et al.，2017；Yang et al.，2010）。遥感影像场景分类数据集中每个场景样本只包含一个主要类别的标签，并不包含关于目标或背景数量、位置、大小和方向的信息。虽然使用遥感影像场景分类数据集学习目标检测模型效益更高，但模型学习过程非常具有挑战性。

计算机视觉领域的研究表明，仅使用场景级标签约束下训练的深度网络可以为目标检测提供弱监督信息。如 Pinheiro 等（2015）和 Cinbis 等（2017）将多实例学习与深度卷积特征相结合来定位对象。Oquab 等（2014）提出了一种通过评估深度网络在多个重叠斑块上的输出来定位目标的方法。Bilen 等（2016）和 Tang 等（2017）基于区域建议的方法使用弱监督解决目标检测问题。借助全局池化操作，Oquab 等（2015）和 Zhou 等（2016）在弱监督下对深度网络进行端到端训练，用于类特定目标检测。但是，由于这些方法最初是针对自然影像设计的，无法解决遥感影像背景复杂、目标分布密集、方向任意等问题，难以直接用于遥感影像中。为了减轻边界框标注的工作量，本章针对遥感影像特性，利用已有的遥感影像场景数据集提供弱监督信息，研究用于多类别遥感目标检测的深度网络。

7.2 研究方法

考虑现有的弱监督方法在优化深度网络时常忽略场景对之间的相互联系，提出既利用独立的场景类别信息，又利用场景对之间相互联系的深度网络训练方法，以达到更高的目标检测性能。在网络训练的第一阶段，利用成对场景的相似度，通过场景对之间的相互信息来学习具有判别性的卷积权重；在第二阶段利用场景级标签来学习类激活权重。考虑遥感影像通常覆盖较大范围的区域，并包含大量大小不一的多类别目标，提出多尺度场景滑动投票策略来计算类激活图；最后，通过对类激活图的分割来实现目标检测。

7.2.1 基于场景级标签监督的深度网络优化

基于场景级监督的深度学习网络框架如图 7.1 所示。在框架的第一阶段采用孪生网络结构来挖掘场景对之间的相互信息学习判别性卷积权重；第二阶段固定第一阶段学习的权重并进行微调，学习类激活权重。

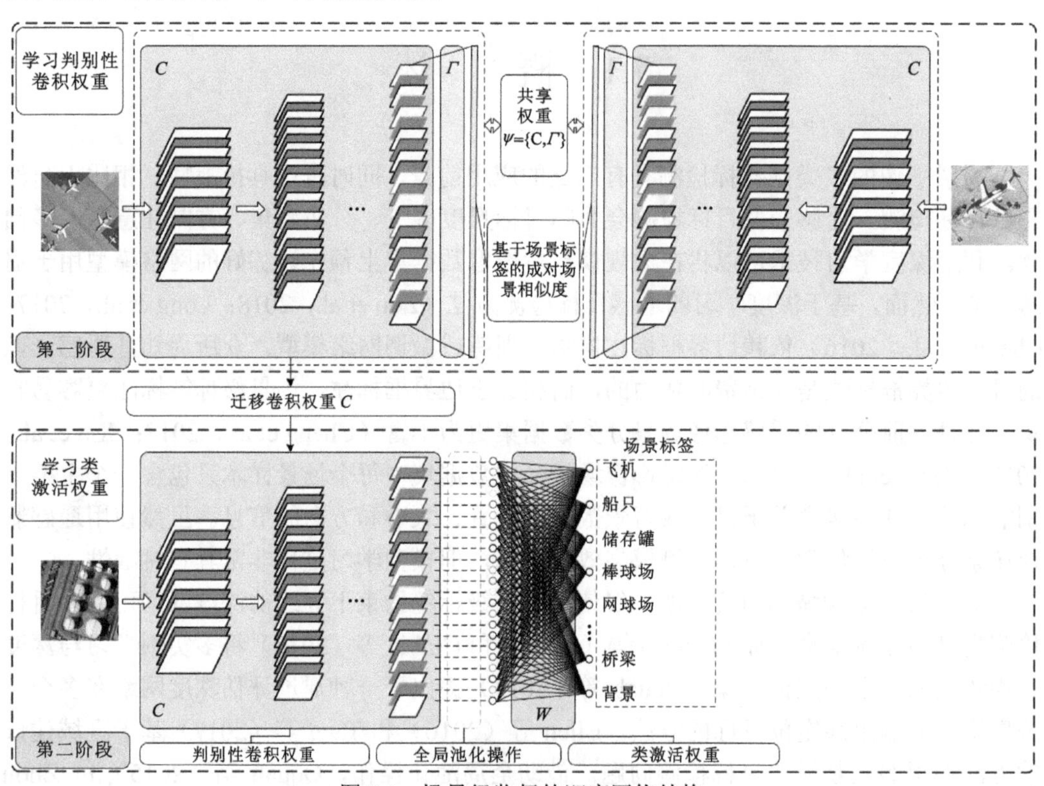

图 7.1　场景级监督的深度网络结构

如图 7.1 所示，在第一阶段中，孪生网络的两个输入场景来自同一类别，以飞机类别为例，左边网络的场景包含了多个小飞机，右边网络的场景只包含了一个大飞机。如果孪生网络能成功感知到左右场景来自同一类别，就意味着网络具备识别大小和方向不同的同类场景目标的能力。用 $\boldsymbol{\Theta}^k \in \mathbf{R}^{N\times N}$ 来表示场景数据集的相似度矩阵，当场景类别相同时，矩阵对应值为 k，其余为 0，N 为场景类别数。根据相似度矩阵，通过优化目标函数可以训练学习孪生网络。目标函数为

$$
\begin{aligned}
\min_{\Psi} J &= \sum_{\boldsymbol{\Theta}_{i,j}\in\boldsymbol{\Theta}} \sum_{k=1}^{2} (-\boldsymbol{\Theta}_{i,j}^k \ln p(\boldsymbol{\Theta}_{i,j}^k = 1|F)) + \lambda \cdot \sum_{i=1}^{N} \left\| |\boldsymbol{f}_i| - 1 \right\|_2^2 \\
&= \sum_{\boldsymbol{\Theta}_{i,j}\in\boldsymbol{\Theta}} (-\boldsymbol{\Theta}_{i,j}^k Y_{i,j} + \ln(1+\mathrm{e}^{Y_{i,j}})) + \lambda \cdot \sum_{i=1}^{N} \left\| |\boldsymbol{f}_i| - 1 \right\|_2^2
\end{aligned}
\tag{7.1}
$$

式中：$\boldsymbol{f}_i = \varphi(S_i;\Psi)$ 为经过非线性映射的高级特征；$\Psi = C,\Gamma$ 为需要优化的网络参数；$p(\Theta_{i,j}^k = 1|F)$ 为成对的似然函数，采用 S 型函数（sigmoid）函数计算；$Y_{i,j} = (\boldsymbol{f}_i^{\mathrm{T}} \boldsymbol{f}_j)/(\rho \cdot l)$，$l$ 为特征 f 的维数，ρ 为相似系数；$p(\boldsymbol{\Theta}_{i,j}^2 = 1|F) = 1 - p(\boldsymbol{\Theta}_{i,j}^k = 1|F)$；$\lambda$ 为正则化系数。

在第二阶段中，网络利用第一阶段学习的卷积权重 C 来进行训练，学习类激活权重

W。类激活权重学习主要基于全局池化操作实现。由于训练影像场景中只包含一种目标及唯一的类别标签，采用基于 softmax 的交叉熵损失函数进行网络训练，损失函数为

$$\min_w E = \sum_{i=1}^{N}\sum_{c}\left(p\left(y_i = c\right)\cdot \ln\left(\frac{\exp(w_k^c \cdot T_i^k + w_0^c)}{\sum_{c}\exp(w_k^c \cdot T_i^k + w_0^c)}\right)\right) \tag{7.2}$$

式中：T_i^k 为全局池化在 k 通道的激活值；w_k^c 为 T_i^k 对 c 类的贡献值；w_0^c 为类别 c 的偏置；$W=\{w_k^c\}$ 为网络需要学习的类激活权重。

7.2.2 基于深度网络的多类别遥感影像目标检测

大范围的遥感影像可通过使用训练后的深度网络自动生成类激活图，通过对类激活图进行分割来定位目标位置，实现多类别目标检测。式（7.3）定义了场景 S 属于 c 类的概率，而激活图 $M_c^S(x,y)$ 可由式（7.4）进行计算。

$$p(y=c|S) = \frac{\exp(w_k^c \cdot T^k + w_0^c)}{\sum_{c}\exp(w_k^c \cdot T^k + w_0^c)} \tag{7.3}$$

$$M_c^S(x,y) = \sum_{k} w_k^c \cdot T^k(x,y) + w_0^c \tag{7.4}$$

式中：T^k 为最后卷积层的特征。

对于大范围的遥感影像，其空间分辨率会发生显著变化，影像中的物体大小也变化很大。为了解决这个问题，提出一种多尺度场景滑动投票的方法来生成大型遥感影像的类激活图。对于一幅大范围遥感影像，通过滑动窗口可生成一组影像块，根据式（7.3）和式（7.4）可以计算出影像块的各类别分类概率和类激活图。通过对分类概率进行投票可以确定影像块的目标类别，并通过拼接的方式得到合成类激活图，如式（7.5）所示：

$$p(y=c\,|\,I) = \max(p(y=c|S_1), p(y=c|S_2), \cdots, p(y=c|S_n)) \tag{7.5}$$

$$M_c^I(x,y) = \text{Mosaic}(M_c^{S_1}(x,y), M_c^{S_2}(x,y), \cdots, M_c^{S_n}(x,y)) \tag{7.6}$$

式（7.5）表示影像目标类别的投票方式，式（7.6）表示激活图拼接合成过程，其可视化流程如图 7.2 所示。另外还通过构造影像金字塔解决目标的多尺度特性。对于一幅影像，结合上采样和下采样来构造影像金字塔。基于式（7.3）和式（7.4），可以得到金字塔各尺度的类概率和类激活图。通过在金字塔所有尺度上取类概率的最大值作为影像类概率，并且在恢复金字塔的类激活图大小后取每个位置的最大值合成影像的多尺度类激活图。

类激活图具有指示目标位置的能力，因此通过对激活图进行分割来检测目标。对于影像的每个类激活图，当分类概率 $p(y=c|I^{ms})>O$，则对该激活图进行分割，并检测类别 c 的目标，否则跳过该类别激活图。针对不同类别目标特点，设计三种分割策略，其分割效果分别如图 7.3 所示。具体来说：对于彼此距离较远的目标（如棒球场、桥梁），可以很容易地区分定位，则采用直接分割方法（straightforward segmentation，SS）；对于密集分布目标（如储存罐、网球场），基于超像素扩散的方法来平滑初始激活图以抑制背景，然后从平滑的结果中检测目标，即基于扩散的分割方法（diffusion-based segmentation，DS）；对于具有丰富结构的密集分布目标（如飞机）使用类竞争显著性图来修改初始激活值，再基于 SS 分割目标，即基于修正的分割方法（modification-based segmentation，MS）。

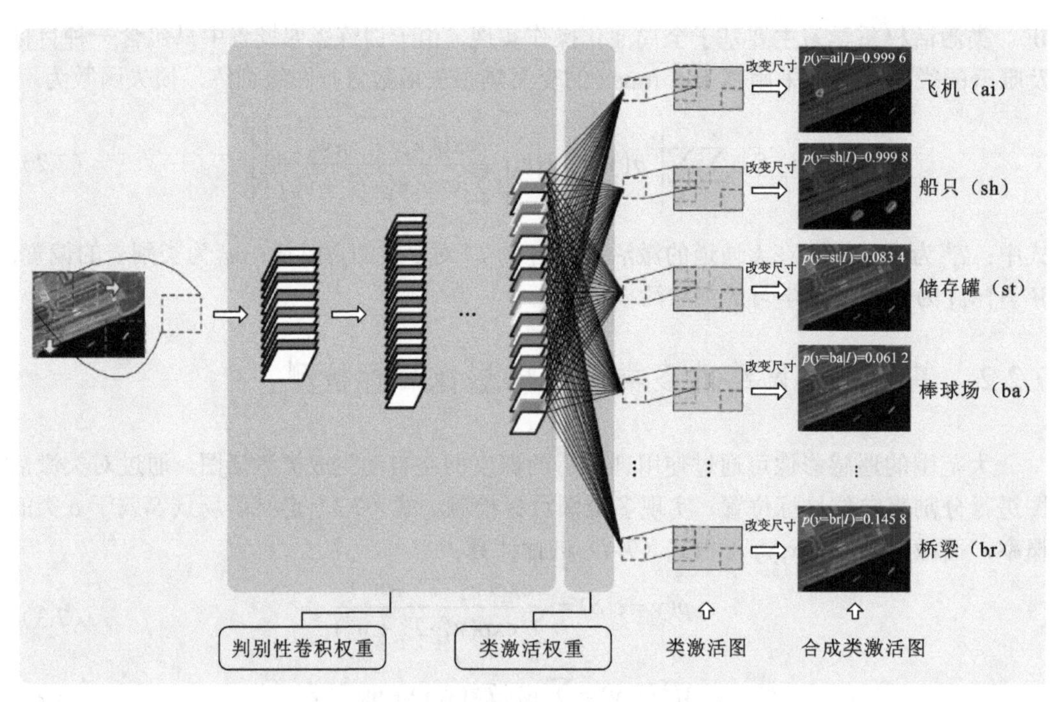

图 7.2　大范围遥感影像类激活图滑动投票流程示意图

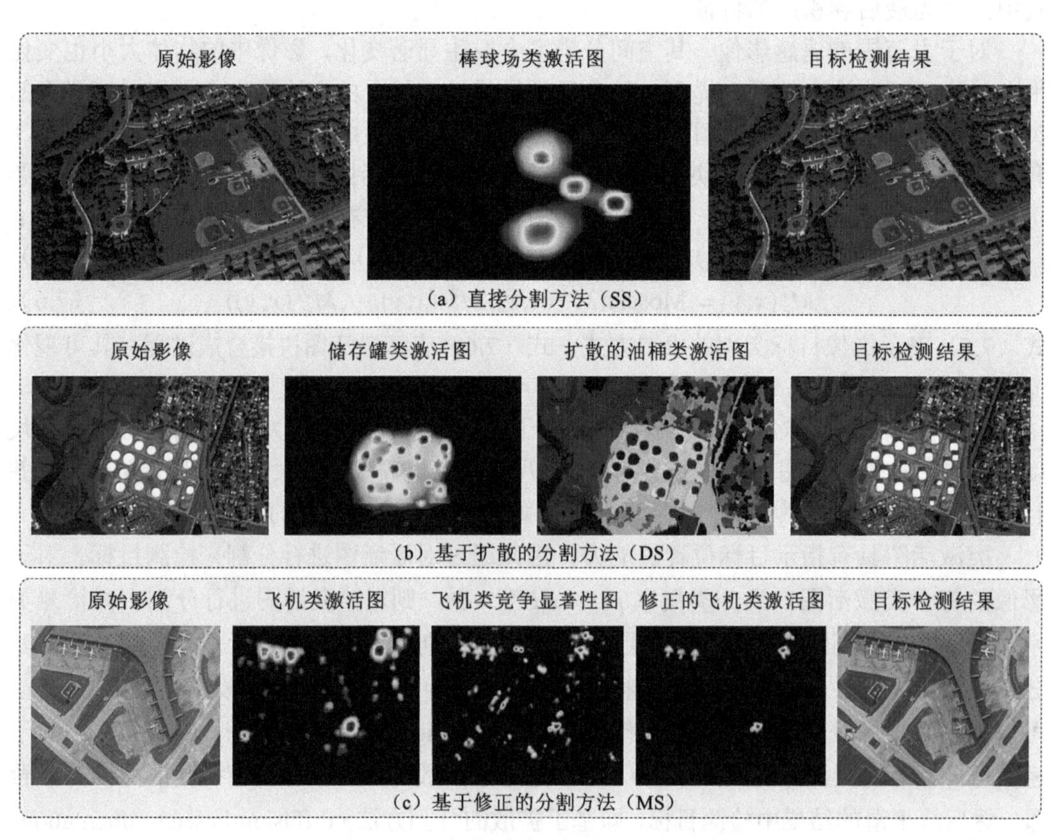

图 7.3　类激活图分割效果示意图

7.3 实验结果与分析

7.3.1 实验数据集与评价指标

目标检测模型训练基于公开的 NWPU-RESISC45 数据集（Cheng et al.，2017），并在遥感目标检测数据集上测试目标检测精度。原始的西北工业大学高分辨率地理空间目标检测数据集（Northwestern Polytechnical University very-high-resolution geospatial object detection dataset 10，NWPU VHR-10）（Cheng et al.，2014）包含 10 类目标，考虑训练用的场景分类数据集没有汽车类别，对汽车类进行移除后形成 NWPU VHR-9 数据集，涵盖飞机、船只、储存罐、棒球场、网球场、篮球场、田径场、港口、桥梁 9 种目标类别。其中，遥感影像场景分类数据集 NWPU-RESISC45 如图 7.4 所示，遥感目标检测数据集 NWPU VHR-9 如图 7.5 所示。

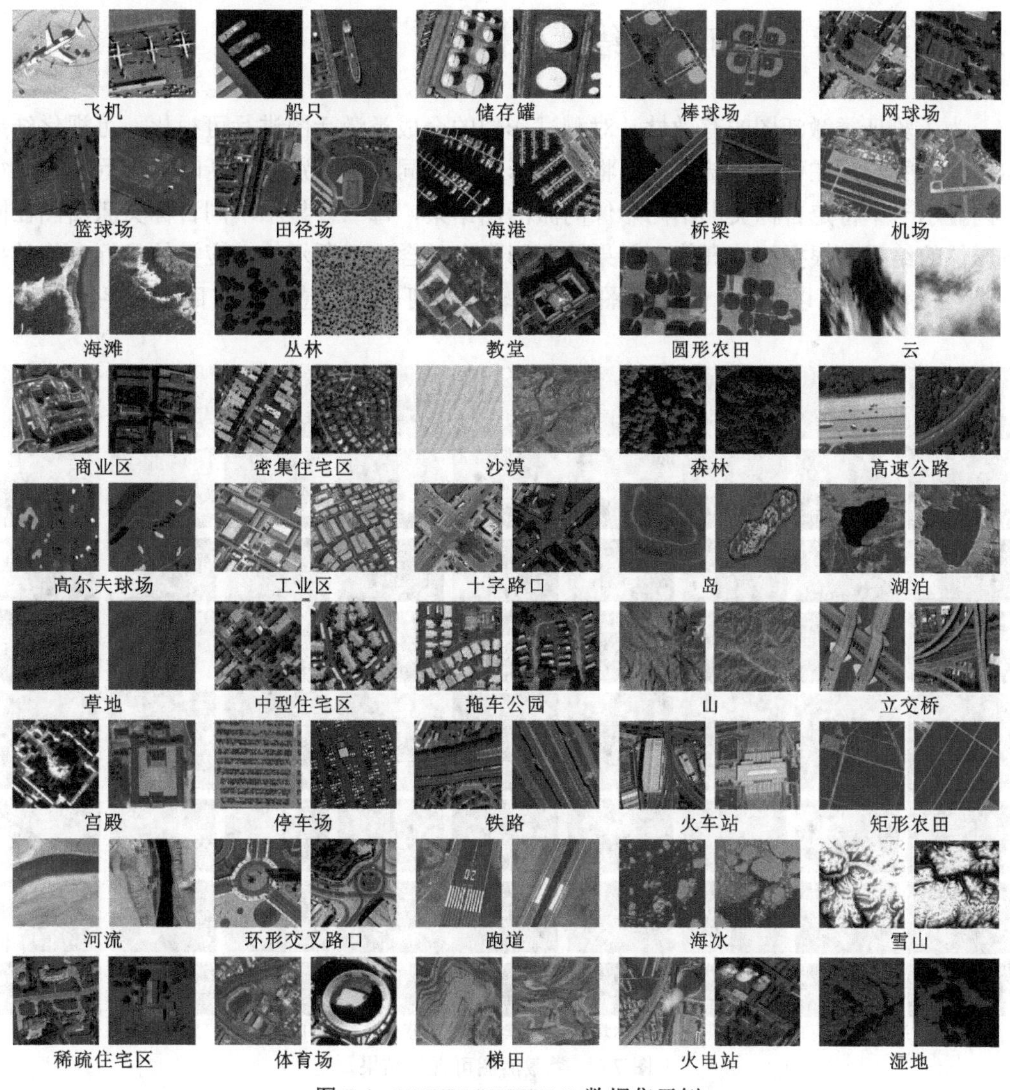

图 7.4　NWPU-RESISC45 数据集示例

图 7.5 NWPU VHR-9 数据集示例

7.3.2 类激活图的可视化结果分析

为了验证类激活图的有效性，对测试影像的合成类激活图进行可视化，可视化结果如图 7.6 所示。在可视化结果中，将原始影像与不同目标类别的激活映射进行叠加。每一列显示一个特定目标类上不同影像的激活图结果，每一行显示不同目标类激活图在同一影像的结果。根据标签真值，如果输入影像中包含底部所示的对应类的目标，将结果用“Y”标记。可以看出，类激活图的质量较高，可以准确感知特定目标的存在。

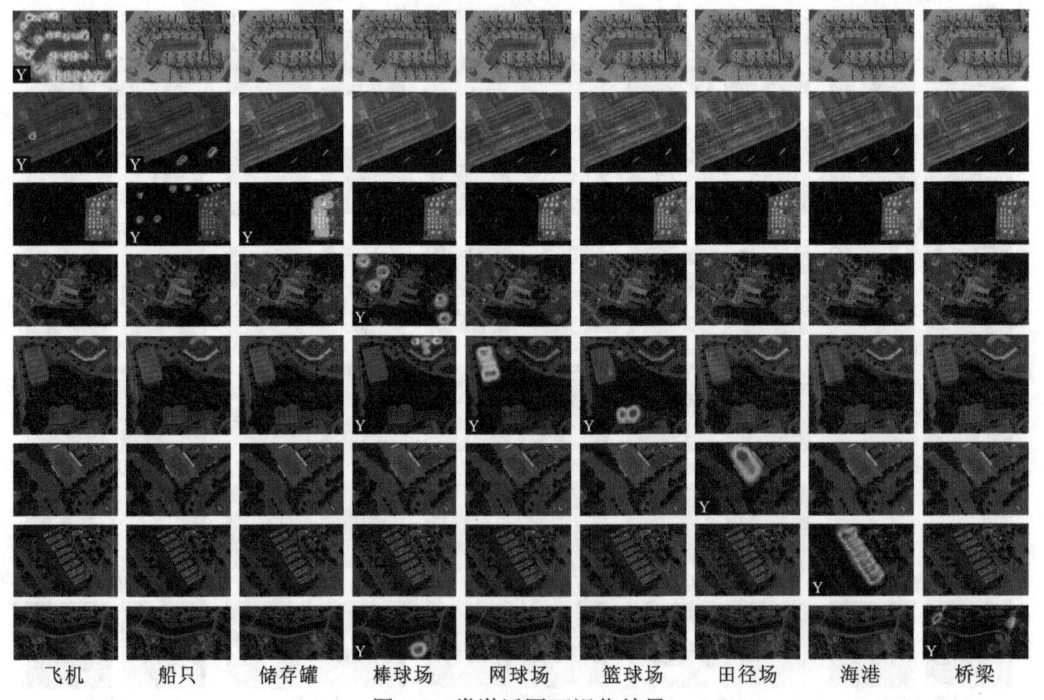

图 7.6 类激活图可视化结果

7.3.3 重要参数的敏感性分析

判断类激活图是否含特点目标类别的常数 O 是重要参数，在图 7.7 中，报告了三种分割方法在不同参数下的均值平均精度。可以看出，当 O 大于 0.999 时可以达到较高的精度，但当 O 达到 0.9999 时精度开始下降。因此，最佳 O 设置为 0.999。

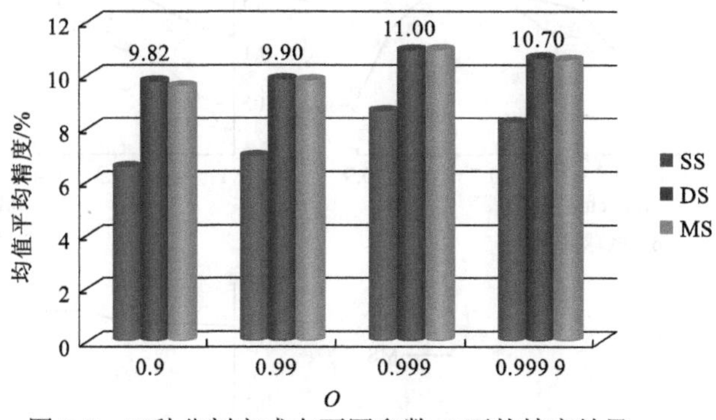

图 7.7 三种分割方式在不同参数 O 下的精度效果

在 O 固定为 0.999 的情况下，进一步分析了分割阈值（thFactor）的敏感性，并使用 F 值（F-measure）指标度量，图 7.8 显示了不同分割方式在不同阈值下的性能。可以看

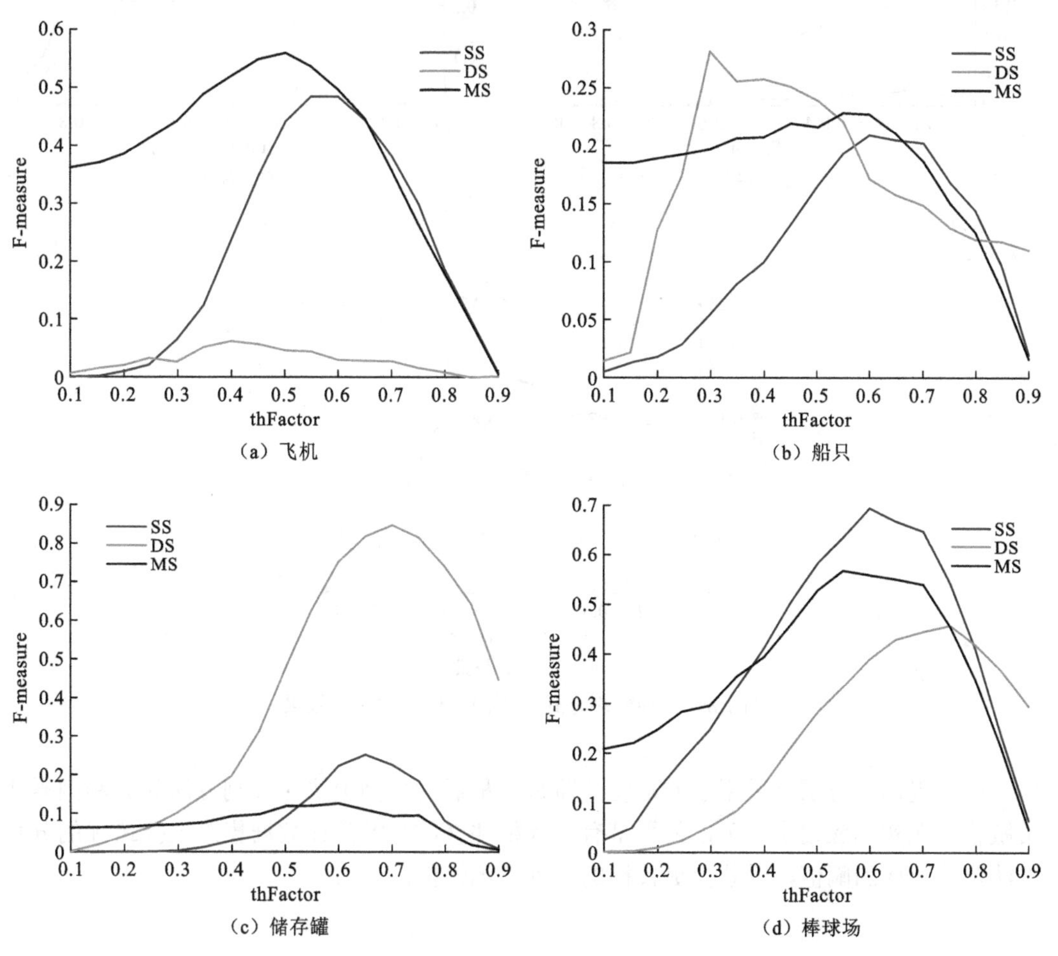

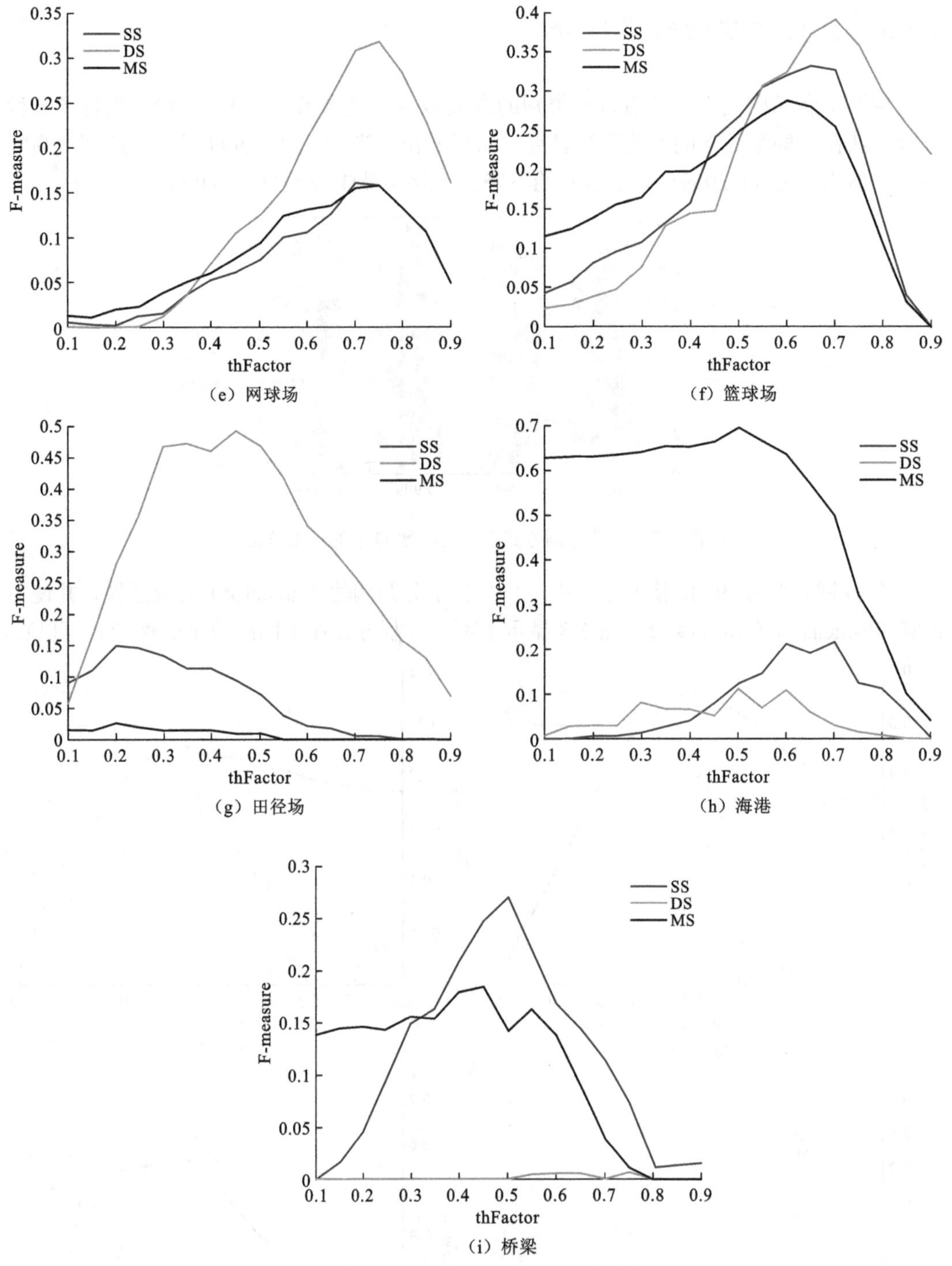

（e）网球场　　（f）篮球场

（g）田径场　　（h）海港

（i）桥梁

图 7.8　三种分割方式在不同阈值下的精度效果

出，由于提出的方法只采用了非常弱的监督，最后的分割模块对分割方法和分割因素非常敏感。在实际应用中，可以使用带有边界框注释的小型验证数据集来选择最优的分割方法及其对应的阈值，以获得更鲁棒的目标检测性能。

7.3.4 与已有方法的对比分析

为了验证所提方法的优越性，对所提生成类激活图的方法中主要模块进行调整设计了一些基线方法，所考虑的模块包括训练方式、全局池化操作方式和投票策略。其中训练方式包括提出的用成对场景相似约束（pair-wise scene-level similarity constraint，PSS）训练卷积权重，且用场景类别约束训练类激活权重；只用成对场景类别预测约束（point-wise scene category prediction constraint，PCP）训练卷积权重和类激活权重（简称为PCP1）；用在ImageNet预训练权重迁移卷积权重，且用场景类别约束训练类激活权重（简称为PCP2）。全局池化操作方式包括全局平均池化（global average pooling，GAP）和全局最大池化（global maximum pooling，GMP）。投票策略包括场景滑动投票（scene-sliding-voting，SSV）和影像级投票（image-level-voting，ILV）。形成基线PCP1+GMP+ILV（Oquab et al.，2015）、基线PCP1+GAP+ILV（Zhou et al.，2016）、基线PCP2+GMP+ILV（Oquab et al.，2015）、基线PCP2+GAP+ILV（Zhou et al.，2016）及本节所提出的PSS+GAP+SSV。

以各类目标的平均精度（average precision，AP）为评价指标，所提方法与各基线方法在不同分割方式下的精度结果如表7.1所示。可以看出，所提方法在各个目标类别的检测精度均优于基线方法，并且不同目标类别的最佳分割方式有所差异。SS分割方法可以使棒球场和桥梁取得最好的检测性能；DS在船只、储存罐、网球场、篮球场、田径场上的检测性能最好；而MS能明显提高对飞机和海港的检测性能。图7.9显示了各种地理目标检测结果。

表7.1 多类别目标检测精度 （单位：%）

类激活图方法	分割方法	飞机	船只	储存罐	棒球场	网球场	篮球场	田径场	海港	桥梁
基线PCP1+GMP+ILV	SS	6.10	0.01	2.88	9.61	0.05	0.03	3.97	0.01	0.06
	DS	0.03	2.80	26.4	6.54	0.03	0.01	13.2	0.03	0.01
	MS	14.4	2.90	0.03	3.24	0.01	0.02	0.04	10.5	0.04
基线PCP1+GAP+ILV	SS	4.94	0.04	3.33	10.2	0.01	0.02	2.90	0.02	0.03
	DS	0.01	3.43	30.9	7.96	2.30	0.04	12.4	0.01	0.01
	MS	11.9	2.85	0.01	4.06	0.01	0.01	0.01	10.1	0.02
基线PCP2+GMP+ILV	SS	7.26	0.02	0.00	14.1	0.03	0.00	2.90	0.01	0.07
	DS	0.01	5.68	41.4	7.94	2.53	1.65	9.04	0.00	0.02
	MS	17.3	5.15	0.02	5.07	0.03	0.01	0.02	16.6	0.03
基线PCP2+GAP+ILV	SS	6.73	0.03	0.02	15.6	0.04	0.29	2.74	0.01	0.05
	DS	0.02	4.42	37.1	9.67	0.02	1.04	7.83	0.02	0.01
	MS	16.8	4.12	0.00	7.42	0.01	0.35	0.02	16.6	0.03
PSS+GAP+SSV	SS	18.6	3.11	6.93	**27.8**	3.71	6.51	1.63	4.54	**5.15**
	DS	0.03	4.80	**51.2**	12.1	**8.24**	**9.44**	**13.5**	0.03	0.02
	MS	**26.9**	**5.80**	0.01	19.8	0.02	5.12	0.01	**38.4**	3.03

图 7.9　多类别目标检测结果示例

7.4　本 章 小 结

本章提出了一种新的学习框架，将遥感影像场景分类任务中的知识转移到多类别遥感影像目标检测任务中。为了充分利用场景级标签的监督作用，利用成对的场景相似度和场景级类别约束来学习具有区分性的卷积权值和特定类别的激活权值。基于这些学习到的权值，提出了一种多尺度场景滑动投票策略来计算类激活图。此外，提出了一套面向类激活图的分割方法从类激活图中检测目标。通过在公开的遥感影像场景数据集上训练深度网络，并在另一个遥感目标检测数据集上进行多类别目标检测，实验证明，即使在这种弱监督信息约束下，提出的方法实现了可观的目标检测效果。

虽然所提出的遥感目标检测方法不依赖于边界框标注，节省了标注成本，但仍要求目标与场景之间存在语义类别对应。为了解决这一限制，可以利用零样本学习技术来处理场景数据集中不可见类的目标检测。由于目标的密集分布和背景的复杂结构，最终的遥感目标检测性能对分割方法比较敏感。虽然这个问题可以通过使用验证集调优挑选，但统一的分割方案策略仍然是首选，可以借助类竞争目标建议技术和容错性学习来统一分割过程。未来还可能会将所提出的遥感目标检测方法扩展到更具挑战性的目标检测任务，如红外目标检测和合成孔径雷达目标检测。

第8章　联合深度学习和知识推理的遥感影像场景语义分割

8.1　概　述

作为地学信息解译的基础性工作，遥感影像语义分割是指按照某种规则或算法将影像中各个像元划分为不同的地物类别，被广泛地应用于土地覆盖制图、土地利用变化监测、自然资源保护、城市空间规划等领域（Ma et al.，2019；Panboonyuen et al.，2019；Ball et al.，2017）。相比于自然影像，遥感影像中复杂的地物组成导致严重的类内差异和类间相似现象，这使得遥感影像语义分割工作充满了挑战（Zhu et al.，2017）。随着人工智能的快速发展，深度学习方法已逐渐成为遥感影像解译的主流方法（Li et al.，2021b，2020a，2020b；LeCun et al.，2015；Krizhevsky et al.，2012）。相较于传统方法，作为深度学习代表之一的深度语义分割网络（deep semantic segmentation network，DSSN）在遥感影像语义分割方面取得了显著的进步（Li　et al.，2020a，2018b）。尽管深度学习方法对分类特征具有强大的学习能力（Zhang et al.，2020a），但深度学习是数据驱动的方法，其学习过程高度依赖于降低输出结果与标签的损失来反向优化网络参数，难以利用高层次的先验知识和丰富的目标语义信息（Liu et al.，2020），导致深度语义分割网络缺乏自我认知的能力，其输出结果的可靠性和可解释性差。

遥感专家之所以能在一幅复杂的遥感影像中快速准确地对地物进行分类，是因为遥感专家具有必要的地学知识及通过知识推理获得新知识的能力。由于地学知识都是基本常识并且推理结果可以预见，通过形式化语言表达地学知识并形成推理能力可以建立知识驱动的可解释性遥感影像解译方法。高级的智能系统通过运用知识对获取的数据进行推理，从而做出可靠性高、可解释性强的分类决策。遥感影像包含了丰富的光谱、形状结构特征和空间关系等信息，在语义分割过程中需要综合考虑这些信息和地学先验知识才能够有效克服遥感影像的类内差异和类间相似问题，从而取得理想的分割结果（Zheng et al.，2020；Liu　et al.，2018b）。在遥感影像深度语义分割中运用地学知识引导分类过程既可以增强分割的性能，又能提高分割结果的可解释性。在地学知识运用方面：一方面知识推理能够有效纠正错误的分类，并且整个推理过程是可解释的；另一方面额外的输入信息可以增强深度语义分割网络对视觉相似性的区分能力。

8.2　研 究 方 法

针对神经网络对地学知识缺乏利用的问题，提出一种联合深度学习和知识推理的遥感影像场景语义分割方法，通过耦合深度学习和遥感知识图谱推理来充分利用地学知识，深度语义分割网络分类器与知识推理器在一个闭环中协同工作，不断迭代优化。本方法主要包括三个部分，分别是推理单元的建立、地学知识推理和深度语义分割的优化方法。总体流程如图 8.1 所示，首先，进行第一次迭代，利用样本数据及额外通道信息训练深度语义分割网络，并完成对遥感影像的语义分割（第一个迭代步，额外通道信息置零，后续迭代步内可以自适应生成），其结果作为第 I 阶段的输出。随后根据超像素和第 I 阶段的分割结果生成推理单元集合。然后计算相邻推理单元之间的空间关系（如相邻、方位、包含等），体系内知识推理器根据推理规则直接纠正错分单元的类别，其结果作为第 II 阶段的输出；体系外知识推理器利用改正后的结果提取更加精确的阴影和高程信息。最后将估计信息作为额外通道信息送入分类器中，进入下一次迭代，直到分类器在测试集上的精度收敛。

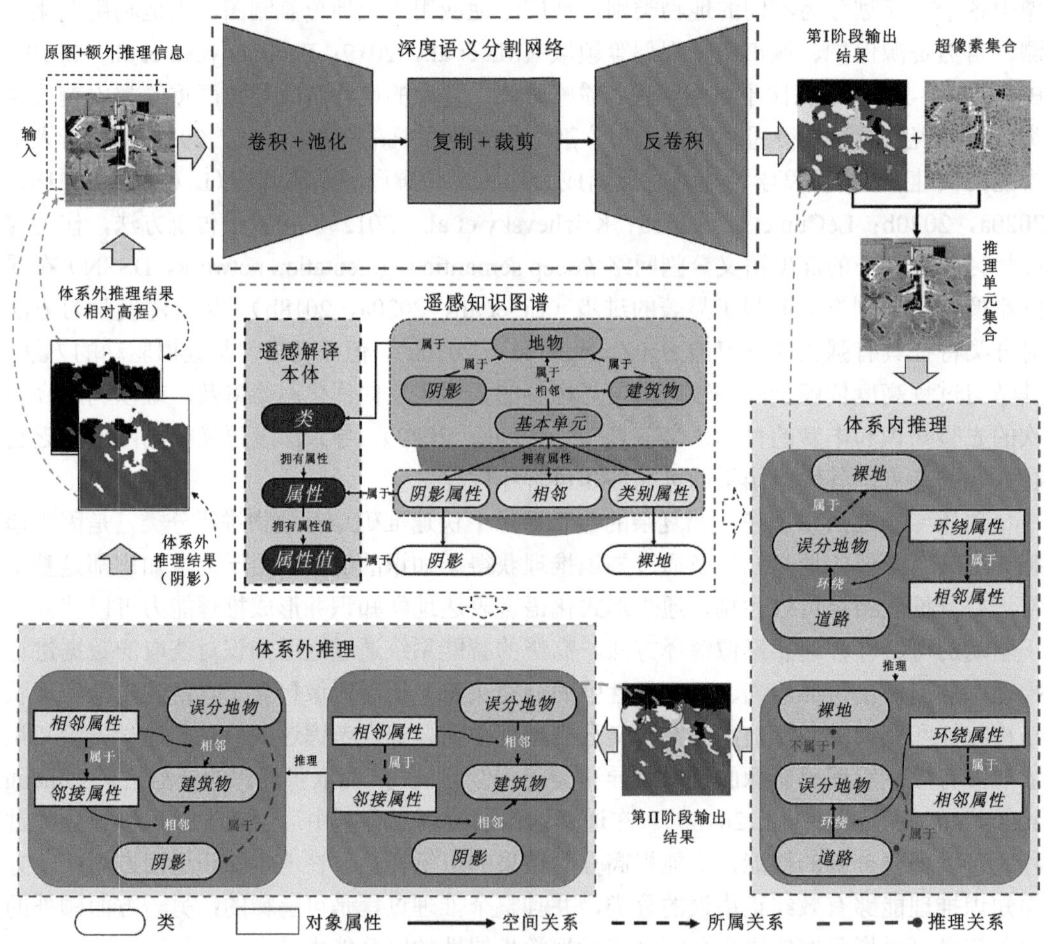

图 8.1　联合深度学习和知识推理的遥感影像场景语义分割方法总体流程图

8.2.1　推理单元的建立

知识推理建立在遥感解译本体的基础上，遥感解译本体的实例对象为推理的基本单元。超像素是由一系列位置相邻且灰度等特征相似的像素点组成的点集合（Achanta et al.，2012），并且保留了地物目标的边界信息，因此本章采用超像素聚类方法生成推理单元。具体实施方案如图 8.2 所示，首先使用超像素分割方法对原始影像 I 进行超像素分割，得到超像素集合 G（包括 K 个超像素 S）：

$$G=\{S_1,S_2,\cdots,S_k \mid S_i=\text{Segment}(I),1\leqslant i<K\} \tag{8.1}$$

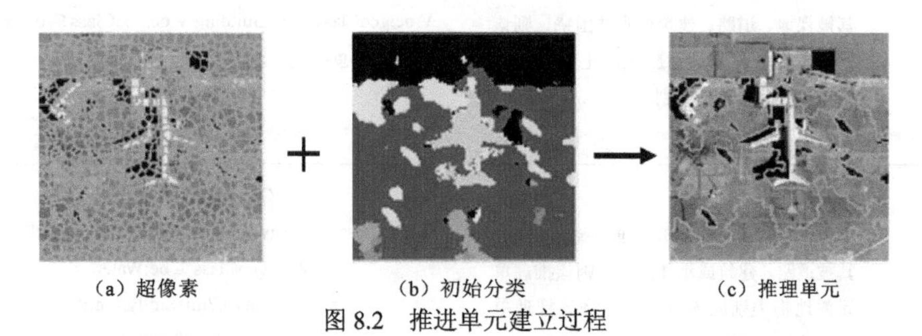

图 8.2　推进单元建立过程

然后分类器网络输出的每个像素的类别 C 及其分类置信度 F，每个超像素区域内所有像素中最多的类别作为该超像素的类别。结合类别与空间相邻关系对超像素进行聚类，将聚类后的超像素作为推理单元 S'：

$$S'=\{S_i \mid C_i=C,S_i \text{ Adjacent to } S,1\leqslant i<K\} \tag{8.2}$$

最后计算推理单元的分类置信度，将所有像素点置信度的平均值作为该单元的置信度。分类置信度 F 的大小可以作为分类正确与否的判别依据，其阈值 F_t 属于一个经验阈值。分类置信度低的推理单元作为错误分类单元。

8.2.2　地学知识的推理

地学知识推理包括体系内知识推理和体系外知识推理。体系内知识推理器根据推理规则直接纠正错误分类，体系外知识推理器提取额外的阴影和相对高程信息以间接辅助分类。使用语义网规则语言（semantic web rule language，SWRL）表示知识推理规则，在基本推理单元 S' 的基础上进行推理。其中 entity 和 entity1 为正确分类的推理单元本体实例，misEntity 为错误分类的推理单元本体实例，满足下式：

oc: ClassifiedSegment (? entity)　　（8.3）

oc: ClassifiedSegment(? entity1)　　（8.4）

oc: MisClassifiedSegment(? misEntity)　　（8.5）

1. 体系内知识推理

体系内知识推理包括两类规则，见表 8.1。使用描述逻辑符号化体系内知识推理规则。其中一类规则用于消除由错误分类造成的孔洞现象，即改正孔洞区域分类为周围地物的类别，包括规则 1～6。例如，分类结果中存在分类错误的建筑被水体围绕，那么该建筑区域的真实分类应该为水体。

表 8.1 体系内知识推理规则

编号	规则说明	基于 SWRL 语言的描述
规则 1	给定地物类别误分为植被的推理单元，假如其被裸地、道路、建筑或水体围绕，则该推理单元的地物类别应该改正为环绕该推理单元的地物的类别	oc:Vegetation(?misEntity), oc:geoClass ⊆ oc:Ground V oc:geoClass ⊆ oc:Pavement V oc:geoClass ⊆ oc:Building V oc:geoClass ⊆ oc:Water, geo:adjacentTo(?misEntity,?entity), oc:geoClass(?entity) ⇒ oc:geoClass(?misEntity)
规则 2	给定地物类别误分为裸地的推理单元，假如其被道路、建筑或水体围绕，则该推理单元的地物类别应该改正为环绕该推理单元的地物的类别	oc:Ground(?misEntity), oc:geoClass ⊆ oc:Pavement V oc:geoClass ⊆ oc:Building V oc:geoClass ⊆ oc:Water, geo:adjacentTo(?misEntity,?entity), oc:geoClass(?entity), ⇒ oc:geoClass(?misEntity)
规则 3	给定地物类别误分为建筑的推理单元，假如其被裸地或水体围绕，则该推理单元的地物类别应该改正为环绕该推理单元的地物的类别	oc:Building(?misEntity), oc:geoClass ⊆ oc:Ground V oc:geoClass ⊆ oc:Water, geo:adjacentTo(?misEntity,?entity), oc:geoClass(?entity), ⇒ oc:geoClass(?misEntity)
规则 4	给定地物类别误分为水体的推理单元，假如其被植被、建筑或道路围绕，则该推理单元的地物类别应该改正为环绕该推理单元的地物的类别	oc:Water(?misEntity), oc:geoClass ⊆ oc:Vegetation V oc:geoClass ⊆ oc:Building V oc:geoClass ⊆ oc:Pavement, geo:adjacentTo(?misEntity,?entity), oc:geoClass(?entity) ⇒ oc:geoClass(?misEntity)
规则 5	给定地物类别误分为飞机的推理单元，假如其被植被、建筑或水体围绕，则该推理单元的地物类别应该改正为环绕该推理单元的地物的类别	oc:Airplane(?misEntity), oc:geoClass ⊆ oc:Vegetation V oc:geoClass ⊆ oc:Building V oc:geoClass ⊆ oc:Water, geo:adjacentTo(?misEntity,?entity), oc:geoClass(?entity) ⇒ oc:geoClass(?misEntity)
规则 6	给定地物类别误分为车辆的推理单元，假如其被植被或水体围绕，则该推理单元的地物类别应该改正为环绕该推理单元的地物的类别	oc:Car(?misEntity), oc:geoClass ⊆ oc:Vegetation V oc:geoClass ⊆ oc:Water geo:adjacentTo(?misEntity,?entity) oc:geoClass(?entity) ⇒ oc:geoClass(?misEntity)
规则 7	误分地物的分类类别为飞机，与其相邻的所有正确分类的地物中没有一个类别为道路，则其分类类别改正为邻域内占多数的正确分类地物类的类别	oc:Airplane(?misEntity), geo:adjacentTo(?misEntity,?entity), ¬oc:Pavement(?entity), oc:geoClass ⊆ geo:MaxClass(?entity), ⇒ oc:geoClass(?misEntity)

续表

编号	规则说明	基于 SWRL 语言的描述
规则 8	误分地物的分类类别为车辆，与其相邻的所有正确分类的地物中没有一个类别为道路，则其分类类别改正为邻域内占多数的正确分类地物类的类别	oc:Car(?misEntity), geo:adjacentTo(?misEntity,?entity), ¬oc:Pavement(?entity), oc:geoClass ⊆ geo:MaxClass(?entity) ⇒ oc:geoClass(?misEntity)
规则 9	误分地物的分类类别为船只，其邻域内不存在正确分类的水体，则其分类类别改正为邻域内占多数的正确分类地物类的类别	oc:Ship(?misEntity), geo:adjacentTo(?misEntity,?entity), ¬oc:Water(?entity), oc:geoClass ⊆ geo:MaxClass(?entity) ⇒ oc:geoClass(?misEntity)

另一类规则用于纠正空间关系不一致导致的错误分类，其真实的分类最可能是周围地物中最多一类的类别，包括规则 7～9。例如，分类错误的车辆没有与道路相邻，则其分类类别改正为其邻域内占多数的正确分类地物类的类别。

2. 体系外知识推理

体系外知识推理包括两类规则，见表 8.2。使用描述逻辑符号化的体系外知识推理规则。其中一类规则用于提取阴影信息，包括规则 1～4。例如，如果误分为道路、裸地、水体或车辆的地物与正确分类的建筑相邻，则其对应区域存在阴影。在额外通道中该区域赋值为 1（阴影）、0（不确定）、-1（无阴影）。另一类规则用于提取相对高程，包括规则 5～7。例如，如果正确分类地物的类别为建筑时，则其具有高高程。该区域赋值为 1（阴影）、0（不确定）、-1（无阴影）。在额外通道中该区域赋值为 2（高高程）、1（中高程）、0（低高程）。

表 8.2　体系外知识推理规则

编号	规则说明	基于 SWRL 语言的描述
规则 1	误分地物的分类类别为道路、裸地、水体或车辆，若其邻域内存在正确分类的建筑，则其对应区域存在阴影	oc:geoClass ⊆ oc:Pavement V oc:Ground V oc:Water V oc:Car, oc:geoClass(?misEntity), geo:adjacentTo(?misEntity,?entity), oc:Buliding(?entity), ⇒ oc:Shadow(?misEntity)
规则 2	误分地物的分类类别为植被、车辆、飞机或船只，若其邻域内不存在正确分类的建筑，则其对应区域不存在阴影	oc:geoClass ⊆ oc:Vegetation V oc:Car V oc:Ship V oc:Airplane, oc:geoClass(?entity), geo:adjacentTo(?misEntity,?entity), ¬oc:Buliding(?entity), ⇒ oc:NonShadow(?entity)

续表

编号	规则说明	基于 SWRL 语言的描述
规则 3	正确地物的分类类别为裸地，若其邻域内不存在正确分类的建筑物和植被类的，则其对应区域不存在阴影	oc:Ground(?entity), geo:adjacentTo(?entity,?entity1), ¬oc:Buliding(?entity1)∧¬oc:Vegetation(?entity1), ⇒ oc:NonShadow(?entity)
规则 4	正确地物的分类类别为建筑物，则其对应区域不存在阴影	oc:Building(?entity), ⇒ oc:NonShadow(?entity)
规则 5	正确地物的分类类别为植被、裸地、道路或水体时，则其具有低高程	oc:geoClass ⊆ oc:Vegetation V oc:Ground V oc:Pavement V oc:Water, oc:geoClass(?entity), ⇒ geo:hasLowElevation(?entity)
规则 6	正确地物的分类类别为飞机、车辆或船只时，则其具有中高程	oc:geoClass ⊆ oc:Airplane V oc:Car V oc:Ship, oc:geoClass(?entity), ⇒ geo:hasMediumElevation(?entity)
规则 7	正确地物的分类类别为建筑时，则其具有高高程	oc:Building(?entity), ⇒ geo:hasHighElevation(?entity)

8.2.3 深度语义分割网络的优化方法

使用输入影像及其对应的人工标注结果来训练深度语义分割网络。假设遥感影像原始数据为 $\boldsymbol{I}$ 和其对应的额外通道信息为 $\boldsymbol{E}$（第一个迭代步中 $\boldsymbol{E}$ 置为 0），令 $\boldsymbol{\theta}$ 为深度语义分割网络的超参数，那么对于观测样本 $\boldsymbol{I}$ 的给定某个像素属于类别 c 的预测概率为

$$p_c = \varphi((\boldsymbol{I},\boldsymbol{E}),\boldsymbol{\theta}) \tag{8.6}$$

式中：φ 为深度语义分割网络的层次化映射函数。

损失函数一般选择经典的交叉熵损失函数 $\mathcal{L}$，如式（8.7）所示，通过后向传播算法减小损失以优化深度语义分割网络：

$$\mathcal{L} = -\sum_{c=1}^{N} y_c \ln p_c \tag{8.7}$$

式中：N 为分类类别的数量；y_c 为影像经过深度语义分割网络的前向预测结果，如果该类别与样本的类别相同，y_c 为 1，否则为 0。

8.3 实验结果与分析

8.3.1 实验数据集与评价指标

实验在公开的两个遥感影像数据集上进行，包括密集标注遥感数据集（dense labeling remote sensing dataset，DLRSD）（Shao et al.，2018）和波茨坦（Potsdam）数据集。

DLRSD 包含 2100 张尺寸为 256×256、地面分辨率为 0.3 m 的航空影像，共包含 17 类。为了缩小类别之间的相似性，本实验将样本集中的 17 类合并成了 8 类（Alirezaie et al.，2019），分别是植被（trees，grass）、裸土、道路、建筑物、水体、飞机、车辆（car）和船只。这些影像被随机划分为训练集、验证集和测试集，比例分别为 80%、10%和 10%。

Potsdam 数据集被分为 6 个最常见土地覆盖类，分别为不透水地面、建筑物、低植被、树木、车辆和其他。包含 38 张尺寸为 6000×6000 的遥感影像，地面分辨率为 0.05 m。由于内存的限制，从每张影像中裁剪出多张 512×512 的图像。这些裁剪得到的影像随机划分为训练集、验证集和测试集，比例分别为 60%、20%和 20%。

实验采用了 U-Net 作为基础网络，使用交叉熵损失（cross entropy）函数和自适应矩估计（adaptive moment estimation，Adam）后向传播优化算法训练网络，学习率设置为 1×10^{-4}。各影像超像素分割个数 K 设置为 1000。超像素分割方法使用简单线性迭代聚类（simple linear iterative cluster，SLIC）（Achanta et al.，2012）超像素分割算法。

语义分割的评价指标主要包括总体精度（OA）、交并比（intersection over union，IoU）、均交并比（mean intersection over union，MIoU）和频权交并比（frequency weighted intersection over union，FWIoU）（Garcia-Garcia et al.，2017）。

$$\mathrm{OA}=\frac{\mathrm{TP}+\mathrm{TN}}{\mathrm{TP}+\mathrm{FP}+\mathrm{TN}+\mathrm{FN}} \tag{8.8}$$

$$\mathrm{IoU}_i=\frac{\mathrm{TP}_i}{\mathrm{TP}_i+\mathrm{FP}_i+\mathrm{FN}_i},\quad i=1,2,\cdots,n \tag{8.9}$$

$$\mathrm{MIoU}=\frac{1}{n}\sum_{1}^{n}\mathrm{IoU}_i \tag{8.10}$$

$$\mathrm{FWIoU}=\sum_{1}^{n}\left(\mathrm{IoU}_i\cdot\frac{\mathrm{TP}_i+\mathrm{FN}_i}{\mathrm{TP}_i+\mathrm{FP}_i+\mathrm{TN}_i+\mathrm{FN}_i}\right) \tag{8.11}$$

式中：n 为类别的数量；TP、TN、FP 和 FN 分别为正类被正确判别的像素数、正类被错误判别的像素数、负类被正确判别的像素数和负类被错误判别的像素数。

8.3.2 重要参数的敏感性分析

作为本方法的关键参数，迭代轮数（Round）表示分类器-推理器闭环循环的次数。Round 参数的敏感性分析实验结果如图 8.3 所示，随着 Round 的增加，地物分割的精度也会不断提高，当达到一定程度时，分割精度会达到最大值。可以看出，在 DLRSD 上，Round＝3 时，深度语义分割网络的分割精度值最大，由此确定最佳迭代轮数为 3；在

Potsdam 数据集上，Round = 4 时，网络的分割精度达到最大值，因此最佳迭代轮数为 4。同时，无论是在 DLRSD 上还是在 Potsdam 数据集上，经过知识推理纠正错误分类后，第 II 阶段的分割精度明显优于第 I 阶段。

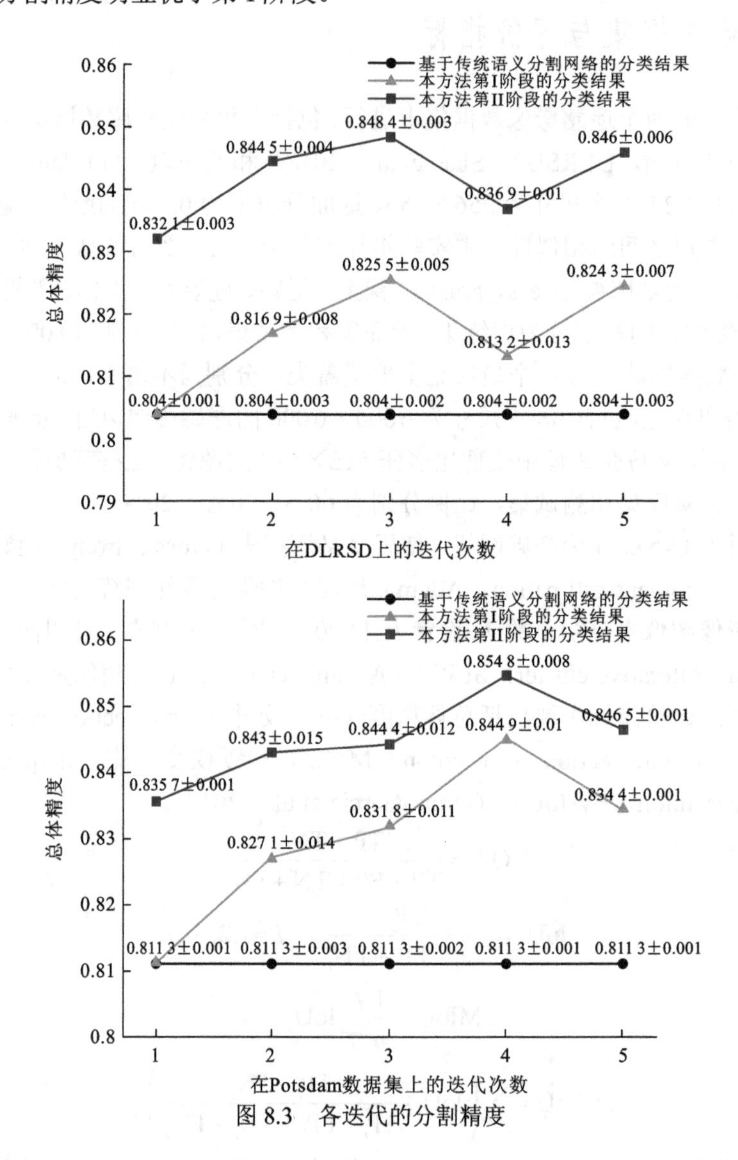

图 8.3　各迭代的分割精度

8.3.3　中间过程的可视化结果分析

本方法在 DLRSD 上的分割结果图及阴影与高程的估计如图 8.4 所示，在 Potsdam 测试集上的分割结果图及阴影与高程的估计如图 8.5 所示。图中（a）列和（b）列分别为原图及其标签，（c）列和（e）列分别为本方法在 Round1 和 Round3 的第 I 阶段结果，（d）列和（f）列分别为本方法在 Round1 和 Round3 的第 II 阶段结果，（g）～（j）列展示了提取得到的阴影和相对高程信息。从分割结果图可以看出，随着迭代次数的增加，第 I 阶段分割结果、第 II 阶段分割结果、阴影估计信息和相对高程估计信息明显越来

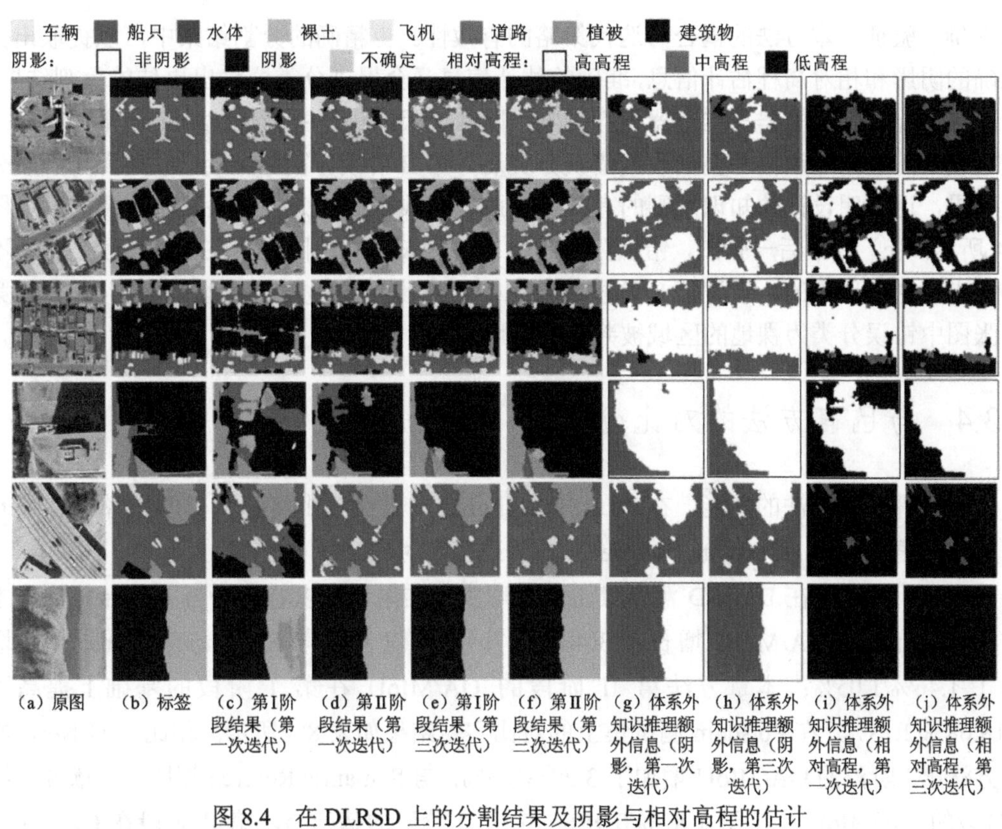

图 8.4 在 DLRSD 上的分割结果及阴影与相对高程的估计

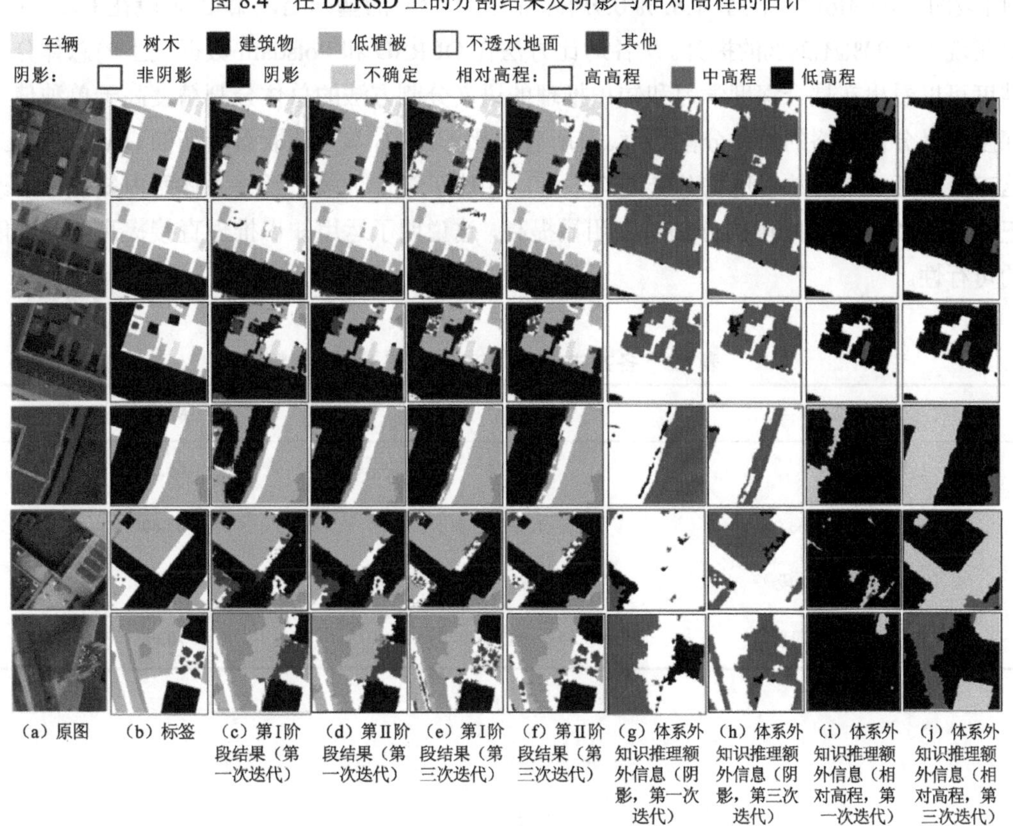

图 8.5 在 Potsdam 数据集上的分割结果及阴影与相对高程的估计

越准确，验证了本方法的耦合与迭代策略的有效性。更精确的分割结果中可以提取出更准确的阴影和相对高程估计信息,准确的估计信息又会促进分类器输出更佳的分割结果，两者互相促进，分类器与推理器相互影响，随着迭代的进行不断优化输出结果。在同一次迭代下，经过知识推理直接改正错误分类后，第II阶段分割结果明显优于第I阶段分割结果，这说明设计的知识规则的有效性。此外，改正后的分类结果是可解释的，如图8.4所示，（c）列最后一张图，错误分类为植被的区域被裸地围绕，在这种场景是几乎不可能出现这种现象的，于是第II阶段的知识推理将该区域分类为裸地，同理，（c）列第一张图中错误分类为裸地的区域被判别为道路。

8.3.4 与已有方法的对比分析

为了评估本方法的性能，在DLRSD和Potsdam数据集上将基于U型网络（U-Net）的方法与语义调解（Semantic Referee）方法进行了对比。

表8.3展示了在DLRSD测试集上的对比实验结果，可以看出，与U-Net相比，本方法第I阶段的OA/MIoU增长了3.48%/2.79%；第I阶段与Semantic Referee相比增加了1.46%/1.05%；本章方法第II阶段的OA/MIoU在第I阶段的基础上提高了2.18.68%/2.13%。在Potsdam测试集上的对比实验结果如表8.4所示。相比于U-Net，本章方法第I阶段的OA/MIoU增加了3.29%/3.2%；与Semantic Referee相比，本章方法第I阶段的OA/MIoU提高了1.82%/0.95%；在第I阶段的基础上，第II阶段在OA/MIoU上实现了0.93%/1.29%的提升。从各对比方法在DLRSD和Potsdam数据集上的总体分类精度可以看出在耦合深度学习和知识推理的语义分割方法的总体分割精度高于单独使用深度语义分割网络的总体分割精度。在所有对比方法中，本方法取得最高的OA和MIoU，这充分验证了本方法对地物分类的有效性。相比于第I阶段，经过了体系内知识推理改正错误分类的第II阶段的分割精度明显提高，这说明了运用知识推理直接提高分类性能的可行性。

表8.3　各方法在DLRSD测试集上的分割精度　　（单位：%）

方法	OA	MIoU
U-Net	80.26	66.06
Semantic Referee	82.28	67.80
本章方法第I阶段	83.74	68.85
本章方法第II阶段	**85.92**	**70.98**

表 8.4　各方法在 Potsdam 测试集上的分割精度　（单位：%）

方法	OA	MIoU
U-Net	81.29	64.44
Semantic Referee	82.76	66.69
本章方法第 I 阶段	84.58	67.64
本章方法第 II 阶段	**85.51**	**68.93**

各方法在 DLRSD 和 Potsdam 测试集上的分割图如图 8.6 和图 8.7 所示，从左到右，各列分别为原图、标签、U-Net 的分割结果图、Semantic Referee（Alirezaie et al.，2019）的分割结果图、本章方法第 I 阶段输出结果图和第 II 阶段输出结果图。可以看出经过推理纠正后，本章方法第 II 阶段输出噪声少、整体性强、空间不一致性错误少，明显优于第 I 阶段输出。同时第 I 阶段和第 II 阶段的分割结果均优于深度语义分割网络方法和 Semantic Referee 联合方法的分割结果。

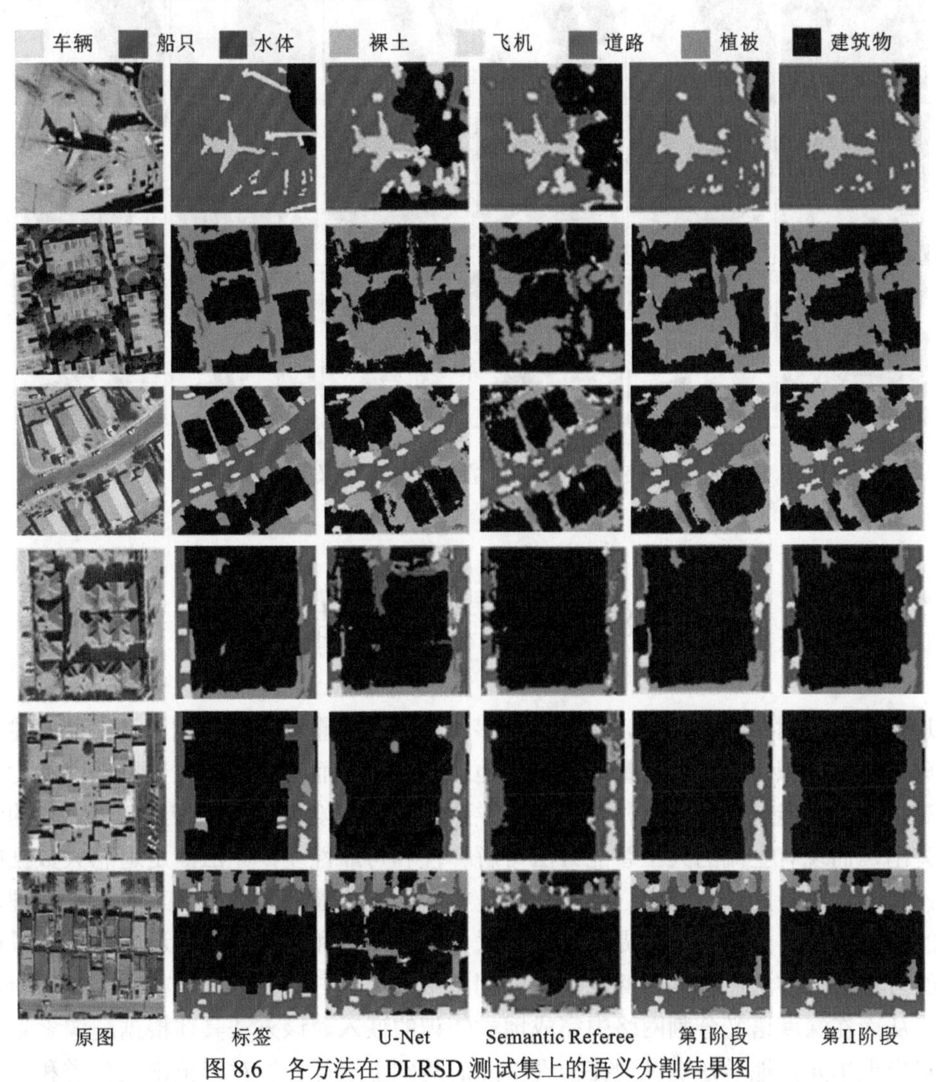

图 8.6　各方法在 DLRSD 测试集上的语义分割结果图

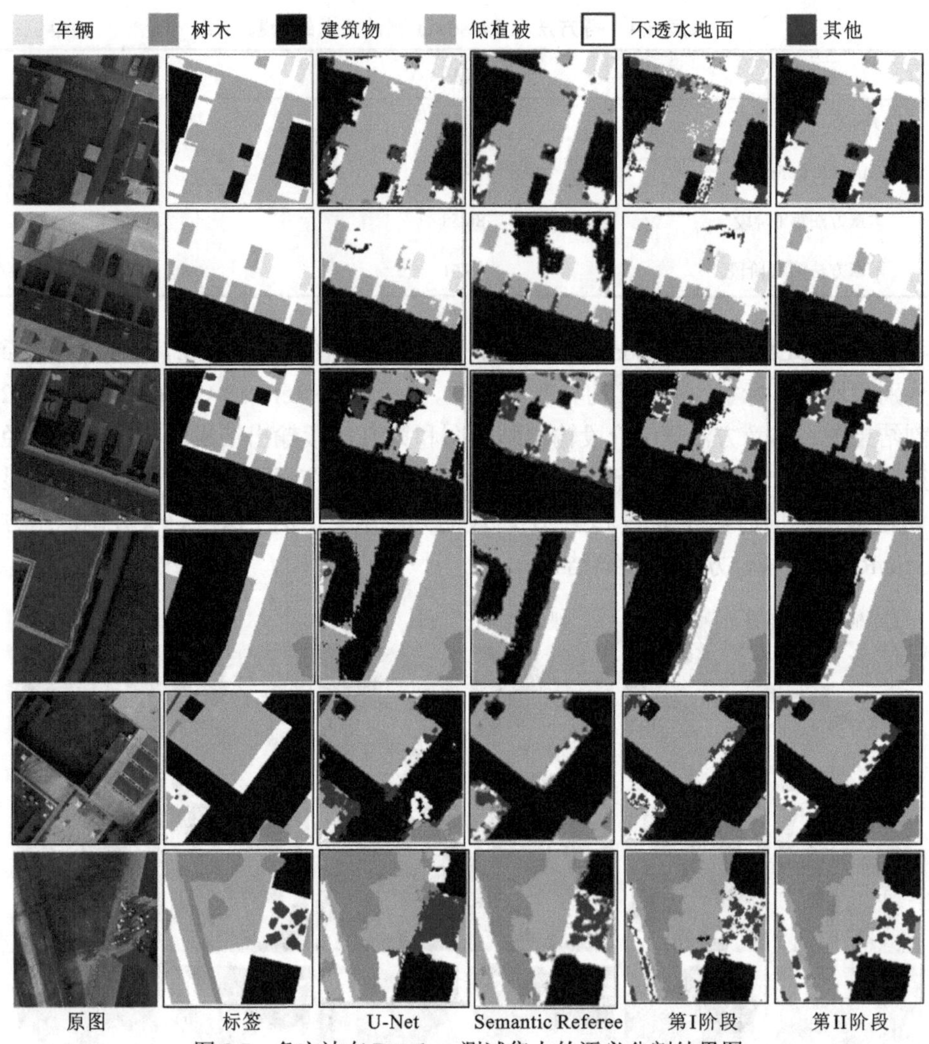

图 8.7 各方法在 Potsdam 测试集上的语义分割结果图

8.4 本章小结

遥感大数据时代已然到来，多平台、多类型和高容量的遥感数据源源不断地生成，海量遥感数据堆积，蕴含着巨量待解译的地理信息。然而，与遥感大数据获取能力形成鲜明对比的是智能解译方法仍相对滞后，导致海量数据堆积与有限信息孤岛并存的矛盾日益突出，而现有主流的人工智能方法可解释性和可靠性差，无法满足遥感大数据的智能解译和知识服务的强烈需求。地学知识是构建新一代遥感大数据人工智能解译理论与方法的关键要素。为此，本章提出了一种联合深度学习和知识推理的遥感影像场景语义分割的方法，该方法通过耦合深度语义分割网络分类器与知识推理器在一个闭环中迭代优化，从而在深度语义分割网络中完成地学知识的嵌入。该方法具体根据超像素聚类方法构建推理单元，地学知识推理在推理单元的基础上进行。针对纠正错误分类和生成估计信息，分别设计了体系内知识推理规则和体系外推理规则。

目前的研究更多的是运用领域专家总结的地学知识嵌入神经网络中，并未通过自主学习来生成相关的知识，因而更深层次的耦合深度学习和知识推理是必要的，从而充分挖掘出知识对高精度和可解释性解译的潜力。这要求神经网络可以自主学习和积累知识，并将学习到的知识智能化地运用到影像解译工作中，最终输出准确度高的分割结果和可解释的判别依据。

第9章　知识图谱引导的大幅面遥感影像场景图生成

9.1　概　　述

在大数据和人工智能时代，随着深度学习技术的运用，许多遥感解译任务都得到极大的发展，包括影像检索、场景分类、目标检测、语义分割等。然而，这些任务仅在“感知”的层面理解遥感影像，即从遥感影像中提取地物信息，而缺乏对影像的“认知”，即理解地物间的关系（李德仁，2018）。近年来，随着自然语言处理技术的发展，在遥感领域衍生出遥感影像自然语言描述任务（Lu et al.，2018b）。该任务旨在生成描述遥感影像内容的综合性句子，帮助人们在语义层面直观理解影像内容。可以看出，人们对遥感影像智能解译的需求正在不断增大。

场景图通过图数据结构中的节点和边分别表示影像中的目标和关系。场景图生成就是指根据输入影像，自动生成目标检测结果及一系列描述影像场景的目标关系三元组，形成场景图。自然影像领域中的视觉基因组（Visual Genome）（Krishna et al.，2017）是著名的用场景图标注自然影像的数据集。在该数据集的支撑下，影像检索（Johnson et al.，2015；Schuster et al.，2015）、语言描述（Yang et al.，2019；Yao et al.，2018）和视觉问答（Shi et al.，2019；Lu et al.，2018a）等下游任务逐渐发展起来。

在自然影像领域，场景图生成任务正飞快地发展。Lu 等（2016）较早提出视觉关系检测的概念，通过结合视觉模型和语言模型，实现影像的视觉关系预测，为场景图生成任务奠定了基础。Dai 等（2017）针对视觉关系检测，提出融合主客体目标多特征的深度关系网络。Xu 等（2017）提出通过迭代信息传递机制融合目标和关系的上下文信息特征，实现真正意义的场景图生成。Zeller 等（2018）考虑影像局部和全局的目标特征，提出考虑场景图中的子结构信息的方法，大大提升场景图生成性能，使场景图生成任务取得巨大突破。目前的自然影像场景图生成方法基本都在 Visual Genome 数据集上实现，然而该数据集存在一定的长尾效应，大大影响场景图生成效果。近年来，Tang 等（2020）提出无偏场景图的概念，旨在克服数据集带来的预测偏置，生成更有意义的场景图。

然而在遥感领域，由于相关数据集的缺乏，遥感影像场景图生成任务在早期处于空白状态。近些年，学者逐渐开始关注遥感影像场景图生成任务。Chen 等（2021）首先构建了一个地理关系三元组表示数据集（geospatial relation triplet representation dataset，GRTRD），并提出了一种基于消息传递驱动的高分辨率遥感影像地理目标关系三元组表示方法。Li 等（2021a）则构建了一个具有一定规模的遥感场景图数据集（remote sensing scene graph dataset，RSSGD），并提出了基于多尺度语义融合网络的遥感影像场景图生成方法。然而，目前的遥感影像场景图数据集缺乏考虑遥感影像数据的特性，难以支撑例如大幅面遥感影像场景图生成等更具意义的任务。

遥感影像有着自身的数据特点，比如完整的遥感场景通常是大幅面的，遥感目标通常具有方向性、尺度变化大、分布密集等特点。因此，区别于自然影像的场景图，遥感影像场景图必须考虑遥感影像数据特性，如以大幅面完整的遥感场景影像为底图，通过旋转目标框描述场景目标，基于此专门研究和发展大幅面的遥感影像场景图生成方法。

9.2 研究方法

一般来说，场景图生成任务可通过先进行目标检测定位分类目标，再对成对的目标进行关系预测来实现。然而，大幅面遥感影像中包含的目标数量众多，如果不加以处理，直接预测所有目标对之间的关系将造成大量的计算资源损耗。遥感领域知识图谱是丰富的知识库，包含地物目标及其关系的一般规律事实，而遥感影像场景图可以看作遥感领域知识图谱的实例。因此可以通过遥感领域知识图谱的先验知识优化遥感影像场景图的关系生成。知识图谱引导的大幅面遥感影像场景图生成总体流程如图 9.1 所示。对大幅面遥感影像进行旋转目标检测，利用知识图谱引导进行目标关系搜索优选以提高计算效率，在关系预测阶段，基于知识图谱先验知识对关系预测置信度进行修正以提高预测精度。

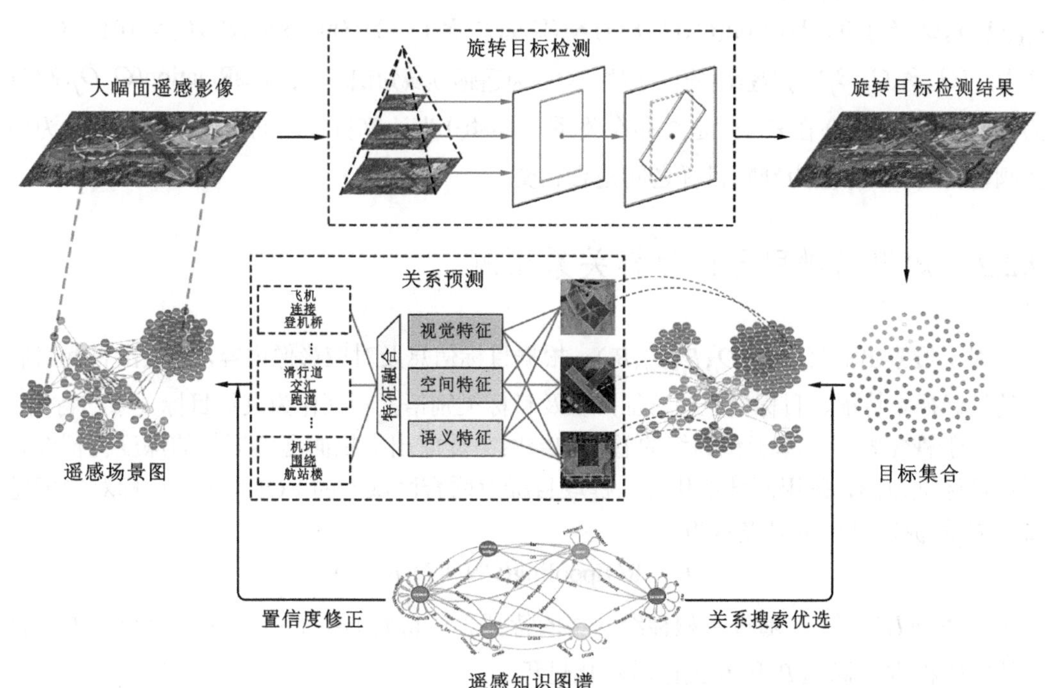

图 9.1　知识图谱引导的大幅面遥感影像场景图生成总体流程图

9.2.1 知识图谱引导的目标关系搜索优选

遥感影像场景图生成需要进行旋转目标检测，具体可利用先进的旋转目标检测网络，得到大幅面遥感影像的目标检测结果集合。旋转目标检测是遥感领域的一个热门研究问题，近年来受到了越来越多的关注，许多有效的旋转目标检测器相继被提出（Yang et al.，2021；Qian et al.，2021；Ding et al.，2019；Ma et al.，2018 ）。旋转目标检测可看作常规的水平目标检测任务的延伸。一般来说，旋转目标检测首先通过与水平目标检测类似的方式生成目标的区域建议，从区域建议的感兴趣区域（region of interest，ROI）中提取出 ROI 特征，最后通过回归目标框的位置偏移值实现对旋转目标的预测。

由于大幅面的遥感影像中含有大量的遥感目标，如果对每两个目标都进行组合并实行后续的关系预测，将占用大量计算资源。然而在实际应用中，并非所有的目标对都存在有价值的目标关系，所以这种机械的目标组合方式将产生大量计算资源冗余。在计算机视觉领域，知识图谱常被用作辅助场景图生成（Zareian et al.，2020）。考虑知识图谱中可包含遥感影像中遥感目标关系组合的先验知识，本小节利用知识图谱对目标检测结果集合进行目标关系搜索优选，预先提取存在潜在关系的目标对。记旋转目标检测得到的目标类别集合为 $O=\{O_1,O_2,\cdots,O_n\}$，目标框集合为 $B=\{B_1,B_2,\cdots,B_n\}$。通过知识图谱搜索规则优选出的目标对集合可表示为

$$\{(O_i,B_i,O_j,B_j)\,|\,\text{hasRelation}(O_i,O_j,\text{KG})\wedge((\text{Dist}(B_i,B_j)<\tau)\vee(\text{Intersect}(B_i,B_j)>0))\} \quad (9.1)$$

式中：(O_i,B_i,O_j,B_j) 为搜索出的目标对；KG 为遥感领域知识图谱；$\text{hasRelation}(O_i,O_j,\text{KG})$ 为判断类别 O_i 和 O_j 在 KG 中是否存在关系；$\text{Dist}(\cdot)$ 为计算目标之间的中心距离；τ 为距离阈值；$\text{Intersect}(\cdot)$ 为判断目标之间是否相交。

9.2.2 知识图谱引导的目标关系预测

对于搜索出的目标对 (O_i,B_i,O_j,B_j)，根据目标信息及对应影像内容，提取出目标对联合的目标视觉特征、目标框空间特征，以及目标类别语义特征作为表征目标关系的特征。

对于视觉特征，基于预训练的卷积神经网络提取出大幅面遥感影像的深度特征图，根据目标框范围，采用区域池化算法提取目标对联合区域的的 ROI 特征。目标对的视觉特征 F_v 的提取过程可以表示为

$$F_\text{v}=\text{ROIpooling}(\text{CNN}(I),B_i,B_j) \quad (9.2)$$

式中：$\text{CNN}(I)$为影像 I 通过卷积神经网络的特征表达得到的特征图；$\text{ROIpooling}(\cdot,B_i,B_j)$ 为特征图根据目标框 B_i 和 B_j 的区域池化过程。

遥感影像固定的成像视角，相同类型的目标关系有着相似的目标框组合形式，目标框的相对位置可以为关系预测提供有用信息。因此通过量化目标框之间的重合度、距离和方向，提取目标对的空间特征 F_s，其提取过程可以表示为

$$F_\text{s}=[\text{Iou}(B_i,B_j),\text{Dist}(B_i,B_j),\text{Angle}(B_i,B_j)] \quad (9.3)$$

式中：$\text{Iou}(\cdot)$ 为计算目标框之间的交并比；$\text{Dist}(\cdot)$ 为计算目标框之间的中心距离；$\text{Angle}(\cdot)$

为计算目标中心连线的方向角。

目标的类别名称是判断目标间关系的重要信息。因此以目标类别名的词向量表示目标类别语义特征 F_s，其提取过程可以表示为

$$F_c = [\mathrm{Word2Vec}(O_i), \mathrm{Word2Vec}(O_j)] \tag{9.4}$$

式中： $\mathrm{Word2Vec}(\cdot)$ 为通过语言模型提取目标类别名词向量的过程。

最终对视觉特征、空间特征及语义特征三种特征进行融合，训练分类器预测关系类别，关系预测的置信度计算可以表示为

$$P_r = \sigma([F_v, F_s, F_c], \Gamma) \tag{9.5}$$

式中：Γ 为分类器模型训练参数；$\sigma(\cdot)$ 为激活过程。进一步地，结合知识图谱中对目标关系组合的频率统计先验知识，可以对关系预测置信度进行修正优化。知识图谱引导的关系置信度修正过程表示为

$$R = \Phi(P_r, F_r) \tag{9.6}$$

式中：R 为修正后的关系预测置信度；F_r 为知识图谱中先验目标关系组合统计频率；$\Phi(\cdot)$ 为关系预测置信度修正过程，可通过加权求和实现。

9.3 实验结果与分析

9.3.1 实验数据集与评价指标

在遥感影像领域，由于缺乏大幅面的遥感影像场景图数据集，为对相关模型训练提供数据支撑，满足相关研究的需要，在全球范围以机场和港口为主要场景选择大幅面遥感影像场景作为标注底图，构建大幅面遥感影像场景图数据集。该数据集采用旋转目标框标注了 16 种遥感场景目标类别，包括：飞机、登船桥、航站楼、机坪、滑行道、跑道、货船、客船、小船、货运码头、客运码头、起重机、货场、仓库、储存罐、防波堤。数据集目标标注示例如图 9.2 所示。数据集采用〈主体，关系，客体〉的三元组形式标注目标关系，关系共包含 26 种，三元组所组成的场景图可视化示例如图 9.3 所示。实验所采用的大幅面遥感影像场景图数据集共包含 60 幅大幅面遥感影像、12 807 个目标实例、22 901 个关系三元组实例。其中，60%数据用于训练模型，20%数据用于模型调参，20%数据用于测试模型精度。

本实验沿用计算机视觉中的场景图生成三个子任务对测试方法效果。关系分类（predicate classification，PredCls）任务：给定图中目标位置及类别，预测关系。场景图分类（scene graph classification，SGCls）任务：给定图中目标位置，预测目标类别及关系。场景图生成（scene graph generation，SGGen）任务：只给定图片，要求生成场景图，即预测目标位置、类别及关系。在评价指标方面，采用目标关系三元组预测中通常使用的 K 召回率（Recall@K，R@K）和 K 平均召回率（mean Recall@K，mR@K）。R@K 在对目标关系三元组的预测置信度排序下进行计算，取置信度最高的前 K 预测结果与标签真值进行对比，计算召回率。mR@K 则是每种关系类别 R@K 的平均结果。并且，由于大幅面遥感影像场景图包含大量的三元组数，对 K 取 500、1 000 和 1 500 形成实验评价指标。

图 9.2　大幅面遥感影像场景图数据集目标标注示例

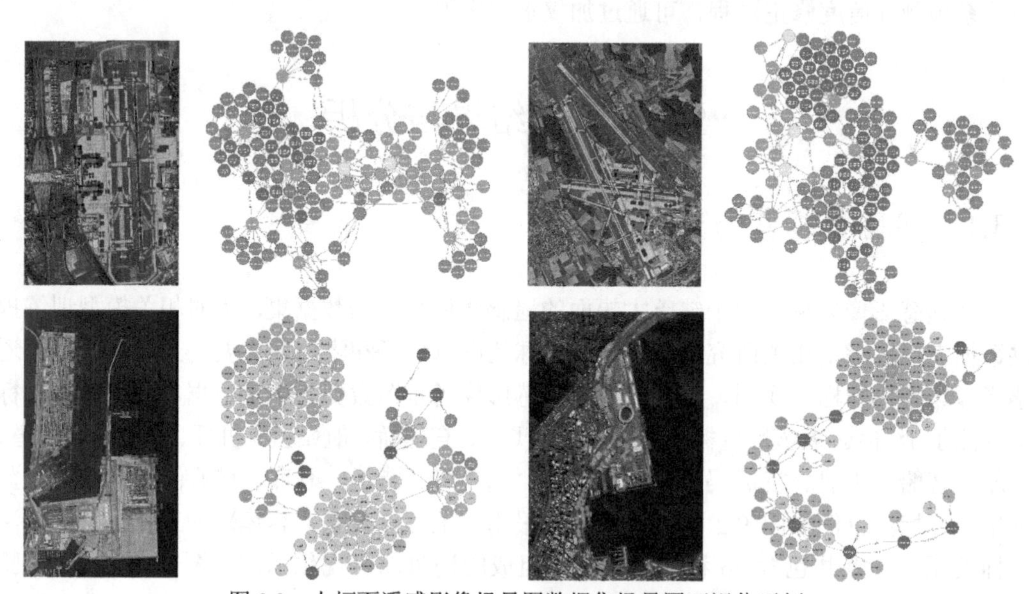

图 9.3　大幅面遥感影像场景图数据集场景图可视化示例

9.3.2　重要参数的敏感性分析

提出的大幅面遥感影像场景图生成方法采用了多种特征融合的方式以综合预测场景图的关系类别。因此对采用的视觉特征、空间特征和语义特征敏感性进行分析，实验结果如表 9.1 和表 9.2 所示。可以看出，在三种特征中，视觉特征起着最重要的作用，语义特征次之，空间特征的作用最小。使用多种特征进行关系预测比只使用一种特征的精度要高，当使用全部三种特征进行关系预测时，本方法能达到最高精度。实验结果表明，在遥感影像场景图生成中，视觉特征、空间特征和语义特征具有一定互补性，能共同作用促进关系预测。

表 9.1　各特征组合遥感影像场景图生成 R@K 结果　（单位：%）

方法	PredCls			SGCls			SGGen		
	R@500	R@1000	R@1500	R@500	R@1000	R@1500	R@500	R@1000	R@1500
视觉特征	36.85	45.37	48.79	30.95	38.90	42.79	11.37	12.31	12.34
空间特征	30.11	40.00	44.87	26.83	35.01	39.47	11.54	13.41	13.65
语义特征	29.44	41.92	54.66	25.12	37.66	46.24	10.40	12.58	13.15
视觉，空间特征	34.88	48.52	52.11	30.52	42.39	46.41	11.50	13.51	13.72
视觉，语义特征	38.33	51.31	57.51	32.29	43.49	49.63	11.80	14.65	15.16
空间，语义特征	34.88	52.25	56.34	30.65	45.27	49.40	12.14	13.88	14.08
本章方法	**40.95**	**55.10**	**59.52**	**34.10**	**46.95**	**51.27**	**12.71**	**15.33**	**15.76**

表 9.2　各特征组合遥感影像场景图生成 mR@K 结果　（单位：%）

方法	PredCls			SGCls			SGGen		
	mR@500	mR@1000	mR@1500	mR@500	mR@1000	mR@1500	mR@500	mR@1000	mR@1500
视觉特征	10.16	14.74	16.86	8.75	12.93	14.94	4.30	4.68	4.69
空间特征	9.73	13.41	15.68	8.92	12.10	13.99	4.66	5.43	5.55
语义特征	11.14	18.75	23.25	9.79	16.62	20.06	3.65	4.80	5.00
视觉，空间特征	11.98	18.41	20.89	10.95	16.62	18.56	5.16	6.13	6.26
视觉，语义特征	14.78	21.89	26.35	12.60	19.20	22.93	5.02	6.20	6.52
空间，语义特征	16.39	25.99	29.83	14.41	22.53	25.67	5.54	6.49	6.56
本章方法	**19.34**	**30.05**	**33.39**	**16.90**	**24.92**	**28.06**	**6.59**	**8.05**	**8.17**

9.3.3　与已有方法的对比分析

本小节将提出的知识图谱引导大幅面遥感影像场景图生成方法与已有方法进行对比。由于目前还缺乏对大幅面遥感影像场景图生成方法的研究，本小节选取计算机视觉中较为灵活的频率统计（FREQ）方法（Zeller et al.，2018）和视觉关系检测（visual relationship detection，VRD）方法（Lu et al.，2016）。FREQ 方法通过对训练集目标关系组合的频率统计来进行关系预测，是最常用的场景图生成基准方法。VRD 方法采用视觉模型和语言模型综合预测关系，进行调整和复现较为容易。本实验基于大幅面遥感影像场景图任务，对已有方法进行调整和复现，精度对比结果如表 9.3 和表 9.4 所示。可以看出，本章方法在各个场景图生成子任务中均取得最高的精度，相比于基准的FREQ 方法，本章方法具有较大的提升，这证明了本章方法的有效性。然而也可以看出，各方法的 mR@K 结果都较低，这表明大幅面遥感影像场景图生成还存在预测偏置问题，大幅面遥感影像场景图生成任务仍有较大提升空间。

表 9.3 各方法遥感影像场景图生成 R@K 对比 （单位：%）

方法	PredCls			SGCls			SGGen		
	R@500	R@1000	R@1500	R@500	R@1000	R@1500	R@500	R@1000	R@1500
FREQ	24.71	41.01	54.66	23.91	35.65	45.77	10.13	12.58	13.15
VRD	29.44	41.92	54.66	25.12	37.66	46.24	10.40	12.58	13.15
本章方法	**40.95**	**55.10**	**59.52**	**34.10**	**46.95**	**51.27**	**12.71**	**15.33**	**15.76**

表 9.4 各方法遥感影像场景图生成 mR@K 对比 （单位：%）

方法	PredCls			SGCls			SGGen		
	mR@500	mR@1000	mR@1500	mR@500	mR@1000	mR@1500	mR@500	mR@1000	mR@1500
FREQ	10.28	17.12	23.25	9.65	15.63	19.74	3.63	4.80	5.00
VRD	11.76	21.09	26.07	10.97	18.85	23.00	5.23	6.43	6.68
本章方法	**19.34**	**30.05**	**33.39**	**16.90**	**24.92**	**28.06**	**6.59**	**8.05**	**8.17**

9.4 本 章 小 结

遥感影像场景图生成是一项较为前沿的遥感影像场景理解任务，具有不可估量的应用前景。相比于自然影像的场景图，遥感影像场景图具有自身的数据特性，考虑应用的便捷性和有效性，在大幅面遥感影像产生涵盖细粒度目标、关系信息的场景图等方面更具利用价值和实际意义。为此，本章提出了一种知识图谱引导的大幅面遥感影像场景图生成方法，该方法在基础的目标检测-关系预测的两阶段方法之上，引入了旋转目标检测技术以生成更符合遥感目标特点的目标检测结果。为解决大幅面遥感影像场景图生成计算资源耗费大、场景图生成精度低的问题，利用知识图谱先验知识设计知识图谱引导的目标关系搜索优选模块以降低计算资源消耗，设计知识图谱引导的关系置信度修正模块以提高精度。并且为了实验和未来研究需要，构建了具有一定规模的大幅面遥感影像场景图数据集，在该数据集上的实验结果证明了本章方法的有效性。

然而，目前遥感影像场景图生成还处于起步阶段，还面临数据集稀缺、方法精度不足、应用困难等问题。未来还需要发展具有更高质量、更大规模的遥感影像场景图数据集支撑方法研究，需要结合更为前沿的先进技术辅助场景图生成，需要结合下游知识服务任务的需要以投入具体应用。

第 10 章　总结与展望

10.1　总　　结

对于高分辨率遥感影像场景智能理解，本书首先研究自动分级聚合引导的快速遥感影像场景标记技术，为后续研究提供数据样本库构建的技术支撑。针对遥感影像场景检索任务，研究了基于单模态和跨模态的深度哈希网络方法，大大提高样本库中遥感影像场景的调用效率。针对遥感影像场景分类任务，研究了基于容错性深度学习方法，使得在噪声标签环境下的场景分类成为可能；研究了知识图谱表示学习驱动的零样本分类方法，使得数据集中不可见类新场景的识别成为可能，容错性和零样本学习技术的应用可以有效提高遥感影像场景数据集的利用率，降低了数据集构建和维护成本。针对遥感影像目标检测任务，研究了基于场景标签约束深度学习方法，仅利用遥感影像场景数据集的弱监督信息实现了整幅遥感影像的目标检测。针对遥感影像场景语义分割任务，研究了联合深度学习和知识推理方法，新颖地结合了数据驱动方法和专家先验知识，使建立更鲁棒、具备可解释性的人工智能模型成为可能。针对遥感影像场景图生成任务，研究了知识图谱引导的大幅面遥感影像场景图生成方法，创新性结合知识图谱实现大幅面遥感影像场景图自动生成，在“认知”层面上着手研究高分辨率遥感影像智能理解。

10.2　展　　望

在大数据和人工智能时代的背景下，本书对场景检索、场景分类、目标检测、语义分割及场景图生成等遥感影像场景理解任务进行了一定的探索。目前遥感影像场景理解已取得一定进展，但还存在很大的进步空间。遥感影像场景检索、场景分类、目标检测、语义分割等基础性的遥感影像场景理解任务一直以来备受学者关注和研究，其精度水平和解译效果被不断提升。然而，这些任务离实际投入应用还有一定距离，还需结合更先进的技术手段以追求更高性能。遥感影像场景图生成是更为前沿的遥感影像场景理解任务，将可以服务于影像检索、影像自然语言描述和视觉问答等下游智能任务，具有不可估量的应用前景。目前遥感影像场景图生成还在起步阶段，未来在充足的数据支撑下有望发展更智能的遥感影像场景理解技术。

参考文献

杜清运, 任福, 2014. 空间信息的自然语言表达模型. 武汉大学学报(信息科学版), 39(6): 682-688.

范一大, 吴玮, 王薇, 等, 2016. 中国灾害遥感研究进展. 遥感学报, 20(5): 1170-1184.

付琨, 孙显, 仇晓兰, 等, 2021. 遥感大数据条件下多星一体化处理与分析. 遥感学报, 25(3): 691-707.

何小飞, 邹峥嵘, 陶超, 等, 2016. 联合显著性和多层卷积神经网络的高分影像场景分类. 测绘学报, 45(9): 1073-1080.

胡凡, 2017. 基于特征学习的高分辨率遥感图像场景分类研究. 武汉: 武汉大学.

冀中, 汪浩然, 于云龙, 等, 2019. 零样本图像分类综述: 十年进展. 中国科学(信息科学), 49(10): 1299-1320.

焦李成, 杨淑媛, 刘芳, 等, 2016. 神经网络七十年: 回顾与展望. 计算机学报, 39(8): 1697-1716.

李德仁, 2007. 遥感用于自然灾害监测预警大有作为. 科技导报(6): 1.

李德仁, 2018. 脑认知与空间认知: 论空间大数据与人工智能的集成. 武汉大学学报(信息科学版), 43(12): 8-14.

李德仁, 张良培, 夏桂松, 2014. 遥感大数据自动分析与数据挖掘. 测绘学报, 43(12): 1211-1216.

李彦胜, 孔德宇, 张永军, 等, 2020. 联合稳健跨域映射和渐进语义基准修正的零样本遥感影像场景分类. 测绘学报, 49(12): 1564-1574.

刘涵, 宫鹏, 2021. 21 世纪逐日无缝数据立方体构建方法及逐年逐季节土地覆盖和土地利用动态制图: 中国智慧遥感制图 iMap(China)1. 0. 遥感学报, 25(1): 126-147.

刘峤, 李杨, 段宏, 等, 2016. 知识图谱构建技术综述. 计算机研究与发展, 53(3): 582-600.

马廷, 2019. 夜光遥感大数据视角下的中国城市化时空特征. 地球信息科学学报, 21(1): 59-67.

潘灼坤, 胡月明, 王广兴, 等, 2020. 对遥感在城市更新监测应用中的认知和思考. 遥感技术与应用, 35(4): 911-923.

钱晓亮, 李佳, 程塨, 等, 2018. 特征提取策略对高分辨率遥感图像场景分类性能影响的评估. 遥感学报, 22(5): 758-776.

任梦星, 2020. 面向舰船知识领域的知识图谱构建关键技术研究. 北京: 中国科学院大学.

邵心玥, 2020. 融合时间信息知识图谱自主建模与推理关键技术研究. 哈尔滨: 哈尔滨工业大学.

盛泳潘, 2020. 面向知识图谱的学习算法研究与应用. 成都: 电子科技大学.

汪闽, 骆剑承, 周成虎, 等, 2005. 结合高斯马尔可夫随机场纹理模型与支撑向量机在高分辨率遥感图像上提取道路网. 遥感学报, 9(3): 271-276.

王强, 2015. 基于 RS 和 GIS 的山区高速公路生态环境变化检测. 重庆: 重庆交通大学.

王婷婷, 李山山, 李安, 等, 2015. 基于 Landsat 8 卫星影像的北京地区土地覆盖分类. 中国图象图形学报, 20(9): 1275-1284.

王志华, 杨晓梅, 周成虎, 2021. 面向遥感大数据的地学知识图谱构想. 地球信息科学学报, 23(1): 16-28.

叶思菁, 2018. 大数据环境下遥感图谱应用方法研究: 以作物干旱监测为例. 测绘学报, 47(6): 892.

曾平, 2018. 基于文本特征学习的知识图谱构建技术研究. 长沙: 国防科技大学.
张兵, 2018. 遥感大数据时代与智能信息提取. 武汉大学学报(信息科学版), 43(12): 1861-1871.
张翰超, 2019. 基于遥感监测的中国典型城市时空格局演变及可持续性评价研究. 武汉: 武汉大学.
张洪群, 刘雪莹, 杨森, 等, 2017. 深度学习的半监督遥感图像检索. 遥感学报, 21(3): 406-414.
张涛, 丁乐乐, 史芙蓉, 2021. 高分辨率遥感影像城中村提取的景观语义指数方法. 测绘学报, 50(1): 97-104.
张雪英, 张春菊, 吴明光, 等, 2020. 顾及时空特征的地理知识图谱构建方法. 中国科学(信息科学), 50(7): 1019-1032.
赵理君, 唐娉, 2016. 典型遥感数据分类方法的适用性分析: 以遥感图像场景分类为例. 遥感学报, 20(2): 157-171.
郑卓, 方芳, 刘袁缘, 等, 2018. 高分辨率遥感影像场景的多尺度神经网络分类法. 测绘学报, 47(5): 620-630.
ACHANTA R, SHAJI A, SMITH K, et al., 2012. SLIC superpixels compared to state-of-the-art superpixel methods. IEEE Transactions on Pattern Analysis and Machine Intelligence, 34(11): 2274-2282.
ALIREZAIE M, LäNGKVIST M, SIOUTIS M, et al., 2019. Semantic referee: A neural-symbolic framework for enhancing geospatial semantic segmentation. Semantic Web, 10(5): 863-880.
AMIRI K, FARAH M, 2018. Graph of concepts for semantic annotation of remotely sensed images based on direct neighbors in RAG. Canadian Journal of Remote Sensing, 44(6): 551-574.
ANDRéS S, ARVOR D, MOUGENOT I, et al., 2017. Ontology-based classification of remote sensing images using spectral rules. Computers and Geosciences, 102: 158-166.
APTOULA E, 2014. Remote sensing image retrieval with global morphological texture descriptors. IEEE Transactions on Geoscience and Remote Sensing, 52: 3023-3034.
BALL J E, ANDERSON D T, CHAN C S, 2017. Comprehensive survey of deep learning in remote sensing: Theories, tools, and challenges for the community. Journal of Applied Remote Sensing, 11(4): 042609.
BASU S, GANGULY S, MUKHOPADHYAY S, et al., 2015. DeepSat: A learning framework for satellite imagery. Proceedings of the 23rd SIGSPATIAL International Conference on Advances in Geographic Information Systems(37): 1-10.
BELGIU M, DRĂGUT L, 2016. Random forest in remote sensing: A review of applications and future directions. ISPRS Journal of Photogrammetry Remote Sensing, 114: 24-31.
BILEN H, VEDALDI A, 2016. Weakly supervised deep detection networks. Proceedings of the 2016 IEEE Computer Society Conference on Computer Vision and Pattern Recognition: 2846-2854.
BORDES A, USUNIER N, GARCIA DURAN A, et al., 2013. translating embeddings for modeling multi-relational data. Advances in Neural Information Processing Systems: 2787-2795.
CERRA D, MüLLER R, REINARTZ P, 2012. A classification algorithm for hyperspectral images based on synergetics theory. IEEE Transactions on Geoscience Remote Sensing, 51(5): 2887-2898.
CHANG C C, LIN C J, 2011. LIBSVM: A library for support vector machines. ACM Transactions on Intelligent Systems Technology, 2(3): 1-27.
CHATFIELD K, SIMONYAN K, VEDALDI A, et al., 2011. The devil is in the details: An evaluation of recent feature encoding methods. British Machine Vision Conference, 2(4): 1-12.
CHEN J, JIMéNEZ-RUIZ E, HORROCKS I, et al., 2019. Learning semantic annotations for tabular data//

Twenty-Eighth International Joint Conference on Artificial Intelligence: 2088-2094.
CHEN J, ZHOU X, ZHANG Y, et al., 2021. Message-passing-driven triplet representation for geo-object relational inference in HRSI. IEEE Geoscience and Remote Sensing Letters(99): 1-5.
CHEN T, XU R, HE Y, et al., 2017. Improving sentiment analysis via sentence type classification using BiLSTM-CRF and CNN. Expert Systems with Applications, 72: 221-230.
CHENG G, GUO L, ZHAO T, et al., 2013. Automatic landslide detection from remote-sensing imagery using a scene classification method based on BoVW and PLSA. International Journal of Remote Sensing, 34(1-2): 45-59.
CHENG G, HAN J, ZHOU P, et al., 2014. Multi-class geospatial object detection and geographic image classification based on collection of part detectors. ISPRS Journal of Photogrammetry and Remote Sensing. 98: 119-132.
CHENG G, ZHOU P, HAN J, 2016. Learning rotation-invariant convolutional neural networks for object detection in VHR optical remote sensing images. IEEE Transactions on Geoscience and Remote Sensing. 54: 7405-7415.
CHENG G, HAN J, LU X, 2017. Remote sensing image scene classification: Benchmark and state of the art. Proceedings of the IEEE, 105(10): 1865-1883.
CHENG G, YANG C, YAO X, et al., 2018. When deep learning meets metric learning: Remote sensing image scene classification via learning discriminative CNNs. IEEE Transactions on Geoscience Remote Sensing, 56(5): 2811-2821.
CHERIYADAT A M, 2013. Unsupervised feature learning for aerial scene classification. IEEE Transactions on Geoscience Remote Sensing, 52(1): 439-451.
CHI M, PLAZA A, BENEDIKTSSON J A, et al., 2016. Big data for remote sensing: Challenges and opportunities. Proceedings of the IEEE, 104(11): 2207-2219.
CINBIS R, VERBEEK J, SCHMID C, 2017. Weakly supervised object localization with multi-fold multiple instance learning. IEEE Transactions on Pattern Analysis and Machine Intelligence, 39: 189-203.
DAI B, ZHANG Y, LIN D, 2017. Detecting visual relationships with deep relational networks. Proceedings of the IEEE Conference on Computer Vision and Pattern Recognition: 3076-3086.
DALAL N, TRIGGS B, 2005. Histograms of oriented gradients for human detection. 2005 IEEE Computer Society Conference on Computer Vision And Pattern Recognition: 20-25.
DEMIR B, BRUZZONE L, 2015. A novel active learning method in relevance feedback for content-based remote sensing image retrieval. IEEE Transactions on Geoscience and Remote Sensing, 53(5): 2323-2334.
DEMIR B, BRUZZONE L, 2016. Hashing-based scalable remote sensing image search and retrieval in large archives. IEEE Transactions on Geoscience and Remote Sensing, 54(2): 892-904.
DEVLIN J, CHANG M, LEE K, et al., 2019. BERT: Pre-training of deep bidirectional transformers for language understanding. Proceedings of NAACL-HLT: 4171-4186.
DING J, XUE N, LONG Y, et al., 2019. Learning roi transformer for oriented object detection in aerial images. Proceedings of the IEEE/CVF Conference on Computer Vision and Pattern Recognition: 2849-2858.
DONG X, GABRILOVICH E, HEITZ G, et al., 2014. Knowledge vault: A web-scale approach to probabilistic knowledge fusion. Proceedings of the 20th ACM SIGKDD International Conference on Knowledge Discovery and Data Mining: 601-610.

DU B, XIONG W, WU J, et al., 2017. Stacked convolutional denoising auto-encoders for feature representation. IEEE Transactions on Cybernetics, 47(4): 1017-1027.

DU Z, LI X, LU X, 2016. Local structure learning in high resolution remote sensing image retrieval. Neurocomputing, 207: 813-822.

FAN R E, CHANG K W, HSIEH C J, et al., 2008. LIBLINEAR: A library for large linear classification. The Journal of Machine Learning Research, 9: 1871-1874.

GARCIA-GARCIA A, ORTS-ESCOLANO S, OPREA S, et al., 2017. A review on deep learning techniques applied to semantic segmentation. Computer Vision and Pattern Recognition: arXiv: 1704. 06857.

GENITHA C H, VANI K, 2013. Classification of satellite images using new fuzzy cluster centroid for unsupervised classification algorithm. 2013 IEEE Conference on Information and Communication Technologies: 203-207.

GHOSH A, KUMAR H, SASTRY P, 2017. Robust loss functions under label noise for deep neural networks. Proceedings of the Thirty-First AAAI Conference on Artificial Intelligence: 1919-1925.

GONG P, LIU H, ZHANG M L, et al., 2019. Stable classification with limited sample: Transferring a 30-m resolution sample set collected in 2015 to mapping 10-m resolution global land cover in 2017. Science Bull, 64(6): 370-373.

GONG Y, LAZEBNIK S, GORDO A, et al., 2013. Iterative quantization: A procrustean approach to learning binary codes for large-scale image retrieval. IEEE Transactions on Pattern Analysis and Machine Intelligence, 35(12): 2916-2929.

GONG Z, ZHONG P, YU Y, et al., 2018. Diversity-promoting deep structural metric learning for remote sensing scene classification. IEEE Transactions on Geoscience and Remote Sensing, 56: 371-389.

GU H, LI H, YAN L, et al., 2017. An object-based semantic classification method for high resolution remote sensing imagery using ontology. Remote Sensing, 9(4): 329.

GUI R, XU X, DONG H, et al., 2016. Individual building extraction from TerraSAR-X images based on ontological semantic analysis. Remote Sensing, 8(9): 708.

GUI R, XU X, WANG L, et al., 2018. A generalized zero-shot learning framework for PolSAR land cover classification. Remote Sensing, 10(8): 1307.

HARALICK R M, SHANMUGAM K, DINSTEIN I H, 1973. Textural features for image classification. IEEE Transactions on Systems, Man, Cybernetics(6): 610-621.

HE K, ZHANG X, REN S, et al., 2016. Deep residual learning for image recognition. Proceedings of the IEEE Conference on Computer Vision and Pattern Recognition: 27-30.

HE Z, LIU H, WANG Y, et al., 2017. Generative adversarial networks-based semi-supervised learning for hyperspectral image classification. Remote Sensing, 9(10): 1042.

HINTON G E, OSINDERO S, TEH Y-W, 2006. A fast learning algorithm for deep belief nets. Neural Computation, 18(7): 1527-1554.

HUANG L, CHEN C, LI W, et al., 2016. Remote sensing image scene classification using multi-scale completed local binary patterns and fisher vectors. Remote Sensing, 8(6): 483.

HUANG X, LIU H, ZHANG L, 2015. Spatiotemporal detection and analysis of urban villages in mega city regions of China using high-resolution remotely sensed imagery. IEEE Transactions on Geoscience Remote Sensing, 53(7): 3639-3657.

HUANG X, ZHU Z, LI Y, et al., 2018. Tea garden detection from high-resolution imagery using a scene-based framework. Photogrammetric Engineering and Remote Sensing, 84: 723-731.

JEAN N, BURKE M, XIE M, et al., 2016. Combining satellite imagery and machine learning to predict poverty. Science, 353(6301): 790-794.

JIA S, SHEN L L, ZHU J S, et al., 2018. A 3-D Gabor phase-based coding and matching framework for hyperspectral imagery classification. IEEE Transactions on Cybernetics, 48(4): 117-1188.

JIAN L, GAO F, REN P, et al., 2018. A noise-resilient online learning algorithm for scene classification. Remote Sensing, 10(11): 1836.

JIANG L, ZHOU Z, LEUNG T, et al., 2018. Mentornet: Learning data-driven curriculum for very deep neural networks on corrupted labels. Proceedings of the Thirty-fifth International Conference on Machine Learning: 2309-2318.

JIANG Q Y, LI W J, 2017. Deep cross-modal hashing. Proceedings of the IEEE Conference on Computer Vision and Pattern Recognition: 3232-3240.

JINDAL I, NOKLEBY M, CHEN X, 2016. Learning deep networks from noisy labels with dropout regularization. Proceedings of IEEE International Conference on Data Mining: 967-972.

JOHNSON J, KRISHNA R, STARK M, et al., 2015. Image retrieval using scene graphs. Proceedings of the IEEE Conference on Computer Vision and Pattern Recognition: 3668-3678.

KANG W, LI W, ZHOU Z, 2016. Column sampling based discrete supervised hashing. Association for the Advancement of Artificial Intelligence (AAAI): 1230-1236.

KINGMA D P, WELLING M, 2014. Auto-encoding variational Bayes. Stat., 1050: 10.

KRISHNA R, ZHU Y, GROTH O, et al., 2017. Visual genome: Connecting language and vision using crowdsourced dense image annotations. International Journal of Computer Vision, 123(1): 32-73.

KRIZHEVSKY A, SUTSKEVER I, HINTON G, 2012. Imagenet classification with deep convolutional neural networks. Proceedings of the Twenty-Sixth Annual Conference on Neural Information Processing Systems: 1097-1105.

LAROCHELLE H, ERHAN D, BENGIO A Y, 2008. Zero-data Learning of New Tasks. Proceedings of the 23rd National Conference on Artificial Intelligence, 2: 646-651.

LECUN Y, BENGIO Y, HINTON G, 2015. Deep learning. Nature, 521(7553): 436-444.

LI H, XIAO G R, XIA T, et al., 2014. Hyperspectral image classification using functional data analysis. IEEE Transactions on Cybernetics, 44(9): 1544-1555.

LI H, DOU X, TAO C, et al., 2017a. RSI-CB: A large scale remote sensing image classification benchmark via crowdsource data. Computer Vision and Pattern Recognition: arXiv: 1705. 10450.

LI P, REN P, 2017b. Partial randomness hashing for large-scale remote sensing image retrieval. IEEE Geoscience and Remote Sensing Letter,14(3): 464-468.

LI P, ZHANG D, WULAMU A, et al., 2021a. Semantic relation model and dataset for remote sensing scene understanding. ISPRS International Journal of Geo-Information, 10(7): 488.

LI W J, WANG S, KANG W C, 2016a. Feature learning based deep supervised hashing with pairwise labels. Proceedings of the Twenty-Fifth International Joint Conference on Artificial Intelligence: 1711-1717.

LI Y, YE D, 2018a. Greedy Annotation of Remote Sensing Image Scenes Based on Automatic Aggregation via Hierarchical Similarity Diffusion. IEEE Access, 6: 57376-57388.

LI Y, HUANG X, LIU H, 2017c. Unsupervised deep feature learning for urban village detection from high-resolution remote sensing images. Photogrammetric Engineering Remote Sensing, 83(8): 567-579.

LI Y, MA J, ZHANG Y, 2021b. Image retrieval from remote sensing big data: A survey. Information Fusion, 67: 94-115.

LI Y, ZHANG Y, TAO C, 2016c. Content-based high-resolution remote sensing image retrieval via unsupervised feature learning and collaborative affinity metric fusion. Remote Sensing, 8: 709-723.

LI Y, ZHANG Y, ZHU Z, 2020b. Error-tolerant deep learning for remote sensing image scene classification. IEEE Transactions on Cybernetics, 51(4): 1756-1768.

LI Y, TAN Y LI Y, et al., 2015a. Built-up area detection from satellite images using multikernel learning, multifield integrating, and multihypothesis voting. IEEE Geosci. Remote Sens. Lett, 12(6): 1190-1194.

LI Y, TAN Y, DENG J, et al., 2015b. Cauchy graph embedding optimization for built-up areas detection from high-resolution remote sensing images. IEEE Journal of Selected Topics in Applied Earth Observation and Remote Sensing, 8: 2078-2096.

LI Y, TAO C, TAN Y, et al., 2016b. Unsupervised multilayer feature learning for satellite image scene classification. IEEE Geoscience and Remote Sensing Letters, 13(2): 157-161.

LI Y, ZHANG Y, HUANG X, et al., 2017d. Large-scale remote sensing image retrieval by deep hashing neural networks. IEEE Transactions on Geoscience and Remote Sensing, 56(2): 950-965.

LI Y, ZHANG Y, HUANG X, et al., 2018b. Deep networks under scene-level supervision for multi-class geospatial object detection from remote sensing images. ISPRS Journal of Photogrammetry and Remote Sensing, 146: 182-196.

LI Y, ZHANG Y, HUANG X, et al., 2018c. Learning source-invariant deep hashing convolutional neural networks for cross-source remote sensing image retrieval. IEEE Transactions on Geoscience and Remote Sensing, 56(11): 6521-6536.

LI Y, CHEN W, ZHANG Y, et al., 2020a. Accurate cloud detection in high-resolution remote sensing imagery by weakly supervised deep learning. Remote Sensing of Environment, 250: 112045.

LIN D, FU K, WANG Y, et al., 2017. MARTA GANs: Unsupervised representation learning for remote sensing image classification. IEEE Geoscience Remote Sensing Letters, 14(11): 2092-2096.

LIU B, DU S, DU S, et al., 2020. Incorporating deep features into GEOBIA paradigm for remote sensing imagery classification: A patch-based approach. Remote Sensing, 12(18): 3007.

LIU H, WANG R, SHAN S, et al., 2016. Deep supervised hashing for fast image retrieval. Proceedings of the IEEE Conference on Computer Vision and Pattern Recognition: 2064-2072.

LIU N, WAN L, ZHANG Y, et al., 2018a. Exploiting convolutional neural networks with deeply local description for remote sensing image classification. IEEE Access, 6: 11215-11228.

LIU Y, WANG R, SHAN S, et al., 2018b. Structure inference net: Object detection using scene-level context and instance-level relationships. Proceedings of the IEEE Conference on Computer Vision and Pattern Recognition: 6985-6994.

LONG Y, GONG Y, XIAO Z, LIU Q, 2017. Accurate object localization in remote sensing images based on convolutional neural networks. IEEE Transactions on Geoscience and Remote Sensing. 55: 2486-2498.

LU C, KRISHNA R, BERNSTEIN M, et al., 2016. Visual relationship detection with language priors. European Conference on Computer Vision: 852-869.

LU P, JI L, ZHANG W, et al., 2018a. R-VQA: Learning visual relation facts with semantic attention for visual question answering. Proceedings of the ACM SIGKDD International Conference on Knowledge Discovery and Data Mining: 1880-1889.

LU X, WANG B, ZHENG X, et al., 2018b. Exploring models and data for remote sensing image caption generation. IEEE Transactions on Geoscience and Remote Sensing, 56(4): 2183-2195.

LU X, ZHENG X, YUAN Y, 2017. Remote sensing scene classification by unsupervised representation learning. IEEE Transactions on Geoscience and Remote Sensing, 55(9): 5148-5157.

LUO B, AUJOL J, GOUSSEAU Y, et al., 2008. Indexing of satellite images with different resolutions by wavelet features. IEEE Transactions on Image Processing, 17(8): 1465-1472.

LUO F, DU B, ZHANG L, et al., 2019. Feature learning using spatial-spectral hypergraph discriminant analysis for hyperspectral image. IEEE Transactions on Cybernetics, 49(7): 2406-2419.

LUUS F P S, SALMON B P, VAN D, et al., 2015. Multiview DEEP LEARNING FOR LAND-USE CLASSIFICATIon. IEEE Geoscience & Remote Sensing Letters, 12(12): 2448-2452.

MA A, WAN Y, ZHONG Y, et al., 2021. SceneNet: Remote sensing scene classification deep learning network using multi-objective neural evolution architecture search. ISPRS Journal of Photogrammetry and Remote Sensing: 172.

MA J, SHAO W, YE H, et al., 2018. Arbitrary-oriented scene text detection via rotation proposals. IEEE Transactions on Multimedia, 20(11): 3111-3122.

MA L, LIU Y, ZHANG X, et al., 2019. Deep learning in remote sensing applications: A meta-analysis and review. ISPRS Journal of Photogrammetry and Remote Sensing, 152: 166-177.

MA Y, WU H, WANG L, et al., 2015. Remote sensing big data computing: Challenges and opportunities. Future Generation Computer Systems, 51: 47-60.

MIKOLOV T, SUTSKEVER I, KAI C, et al., 2013. Distributed representations of words and phrases and their compositionality. Advances in Neural Information Processing Systems: 26.

MUJA M, LOWE D, 2009. Fast approximate nearest neighbors with automatic algorithm configuration. Proceedings of the VISAPP International Conference on Computer Vision Theory and Applications: 331-340.

NG A, JORDAN M, WEISS Y, 2001. On spectral clustering: Analysis and an algorithm. Advances in Neural Information Processing Systems, 14: 849-856.

NGIAM J, CHEN Z, BHASKAR S, et al., 2011. Sparse filtering. Advances in Neural Information Processing Systems, 24: 1125-1133.

OJALA T, PIETIKäINEN M, MäENPää T, 2000. Gray scale and rotation invariant texture classification with local binary patterns. European Conference on Computer Vision: 404-420.

OLIVA A, TORRALBA A, 2001. Modeling the shape of the scene: A holistic representation of the spatial envelope. International Journal of Computer Vision, 42(3): 145-175.

OQUAB M, BOTTOU L, LAPTEV I, SIVIC J, 2014. Learning and transferring mid-level image representations using convolutional neural networks. Proceedings of the 2014 IEEE Computer Society Conference on Computer Vision and Pattern Recognition: 1717-1724.

OQUAB M, BOTTOU L, LAPTEV I, SIVIC J, 2015. Is object localization for free? weakly-supervised learning with convolutional neural networks. Proceedings of the 2015 IEEE Computer Society Conference on Computer Vision and Pattern Recognition: 685-694.

PALATUCCI M, POMERLEAU D, HINTON G E, et al., 2009. Zero-shot Learning with Semantic Output Codes. Proceedings of the 22nd International Conference on Neural Information Processing Systems: 1410-1418.

PANBOONYUEN T, JITKAJORNWANICH K, LAWAWIROJWONG S, et al., 2019. Semantic segmentation on remotely sensed images using an enhanced global convolutional network with channel attention and domain specific transfer learning. Remote Sensing, 11(1): 83.

PELIZARI P, SPROHNLE K, GEIR C, et al., 2018. Multi-sensor feature fusion for very high spatial resolution built-up area extraction in temporal settlements. Remote Sensing of Environment, 209: 793-807.

PINHEIRO P, COLLOBERT R, 2015. From image-level to pixel-level labeling with convolutional networks. Proceedings of the 2015 IEEE Computer Society Conference on Computer Vision and Pattern Recognition: 1713-1721.

QI K, WU H, SHEN C, et al., 2015. Land-use scene classification in high-resolution remote sensing images using improved correlations. IEEE Geoscience and Remote Sensing Letters, 12(12): 2403-2407.

QI K, YANG C, GUAN Q, et al., 2017. A multiscale deeply described correlatons-based model for land-use scene classification. Remote Sensing, 9(9): 917.

QIAN W, YANG X, PENG S, et al., 2021. Learning modulated loss for rotated object detection. Proceedings of the AAAI Conference on Artificial Intelligence, 35(3): 2458-2466.

QUAN J, WU C, WANG H, et al., 2018. Structural alignment based zero-shot classification for remote sensing scenes// IEEE International Conference on Electronics and Communication Engineering: 17-21.

REED S, LEE H, ANGUELOV D, et al., 2014. Training deep neural networks on noisy labels with bootstrapping. Computer Science: arXiv: 1412. 6596.

ROMERO A, RADEVA P, GATTA C, 2014. Meta-parameter free unsupervised sparse feature learning. IEEE Transactions on Pattern Analysis Machine Intelligence, 37(8): 1716-1722.

ROSU R, DONIAS M, BOMBRUN L, et al., 2017. Structure tensor Riemannian statistical models for CBIR and classification of remote sensing images. IEEE Transactions on Geoscience and Remote Sensing, 55(1): 248-260.

SARKER M K, XIE N, DORAN D, et al., 2017. Explaining trained neural networks with semantic web technologies: First steps. Computer Science: arXiv: 1710. 04324.

SCHONFELD E, EBRAHIMI S, SINHA S, et al., 2019. Generalized zero-and few-shot learning via aligned variational autoencoders. Proceedings of the IEEE CVF Conference on Computer Vision and Pattern Recognition: 8247-8255.

SCHRODER M, REHRAUER H, SEIDEL K, et al., 2000. Interactive learning and probabilistic retrieval in remote sensing image archives. IEEE Transactions on Geoscience and Remote Sensing, 38(5): 2288-2298.

SCHUSTER S, KRISHNA R, CHANG A, et al., 2015. Generating semantically precise scene graphs from textual descriptions for improved image retrieval. Proceedings of the Fourth Workshop on Vision and Language: 70-80.

SHAO Z, YANG K, ZHOU W, 2018. Performance evaluation of single-label and multi-label remote sensing image retrieval using a dense labeling dataset. Remote Sensing, 10(6): 964.

SHEN F, SHEN C, LIU W, et al., 2015. Supervised discrete hashing. Proceedings of the IEEE Conference on

Computer Vision and Pattern Recognition: 37-45.
SHI J, ZHANG H, LI J, 2019. Explainable and explicit visual reasoning over scene graphs. Proceedings of the IEEE Conference on Computer Vision and Pattern Recognition: 8376-8384.
SHYU C, KLARIC M, SCOTT G, 2007. GeoIRIS: Geospatial information retrieval and indexing system-content mining, semantics modeling, and complex queries. IEEE Transactions on Geoscience and Remote Sensing, 45(4): 839-852.
SIFRE L, MALLAT S, 2012. Combined scattering for rotation invariant texture analysis. Proceedings of European Symposium on Artificial Neural Networks, Computational Intelligence and Machine Leaning: 25-27.
SIMONYAN K, ZISSERMAN A, 2014. Very deep convolutional networks for large-scale image recognition. Computer Science: arXiv: 1409. 1556.
SUN Z, HU W, ZHANG Q, et al., 2018. Bootstrapping entity alignment with knowledge graph embedding. Proceedings of the Twenty-Seventh International Joint Conference on Artificial Intelligencen: 4396-4402.
TAN Y, XIONG S, LI Y, 2018. Automatic extraction of built-up areas from panchromatic and multispectral remote sensing images using double-stream deep convolutional neural networks. IEEE Journal of Selected Topics in Applied Earth Observations and Remote Sensing, 11(11): 3988-4004.
TANG K, NIU Y, HUANG J, et al., 2020. Unbiased scene graph generation from biased training. Proceedings of the IEEE/CVF Conference on Computer Vision and Pattern Recognitio: 3716-3725.
TANG K, ZHANG H, WU B, et al., 2019. Learning to compose dynamic tree structures for visual contexts. Proceedings of the IEEE/CVF Conference on Computer Vision and Pattern Recognition: 6619-6628.
TANG P, WANG X, HUANG Z, et al., 2017. Deep patch learning for weakly supervised object classification and discovery. Pattern Recognition. 71: 446-459.
TEMPELMEIER N, DEMIDOVA E, 2021. Linking OpenStreetMap with Knowledge graphs: Link discovery for schema-agnostic volunteered geographic information. Future Generation Computer Systems, 116: 349-364.
VAN DER MAATEN L, HINTON G, 2008. Visualizing data using t-SNE. Journal of Machine Learning Research, 9(11): 2579-2605.
VARMA M, ZISSERMAN A, 2005. A statistical approach to texture classification from single images. International Journal of Computer Vision, 62(1-2): 61-81.
WANG Q, LIU S, CHANUSSOT J, et al., 2018. Scene classification with recurrent attention of VHR remote sensing images. IEEE Transactions on Geoscience Remote Sensing, 57(2): 1155-1167.
WANG Y, ZHANG L, DENG H, et al., 2017. Learning a discriminative distance metric with label consistency for scene classification. IEEE Transactions on Geoscience and Remote Sensing, 55: 4427-4440.
WANG Y, ZHANG L, TONG X, et al., 2016. A three-layered graph-based learning approach for remote sensing image retrieval. IEEE Transactions on Geoscience and Remote Sensing, 54(10): 6020-6034.
WENGERT C, DOUZE M, JéGOU H, 2011. Bag-of-colors for improved image search. Proceedings of the 19th ACM International Conference on Multimedia: 1437-1440.
WU L, LIU S, JIAN M, et al., 2017. Reducing noisy labels in weakly labeled data for visual sentiment analysis. Proceedings of IEEE International Conference on Image Processinga: 1322-1326.
XIA G, WANG Z, XIONG C, et al., 2015. Accurate annotation of remote sensing images via active spectral

clustering with little expert knowledge. Remote Sensing, 7(11): 5014-15045.

XIA G, HU J, HU F, et al., 2017. AID: A Benchmark Data Set for Performance Evaluation of Aerial Scene Classification. IEEE Transactions on Geoscience and Remote Sensing, 55(7): 3965-3981.

XIAN Y, LORENZ T, SCHIELE B, et al., 2018. Feature generating networks for zero-shot learning. Proceedings of the IEEE Conference on Computer Vision and Pattern Recognition: 5542-5551.

XIAO T, XIA T, YANG Y, et al., 2015. Learning from massive noisy labeled data for image classification. Proceedings of IEEE Conference on Computer Vision and Pattern Recognition: 2691-2699.

XU D, ZHU Y, CHOY C B, et al., 2017. Scene graph generation by iterative message passing. Proceedings of the IEEE Conference on Computer Vision and Pattern Recognition: 5410-5419.

YANG W, YIN X, XIA G S, 2015. Learning high-level features for satellite image classification with limited labeled samples. IEEE Transactions on Geoscience Remote Sensing, 53(8): 4472-4482.

YANG X, TANG K, ZHANG H, et al., 2019. Auto-encoding scene graphs for image captioning. Proceedings of the IEEE Conference on Computer Vision and Pattern Recognition: 10685-10694.

YANG X, YAN J, FENG Z, et al., 2021. R3Det: Refined single-stage detector with feature refinement for rotating object. Proceedings of the AAAI Conference on Artificial Intelligence, 35(4): 3163-3171.

YANG Y, NEWSAM S, 2010. Bag-of-visual-words and spatial extensions for land-use classification// 18th ACM SIGSPATIAL International Conference on Advances in Geographic Information Systems: 270-279.

YANG Y, NEWSAM S, 2011. Spatial pyramid co-occurrence for image classification. Proceedings of the International Conference on Computer Vision: 1465-1472.

YANG Y, NEWSAM, 2013. Geographic image retrieval using local invariant features. IEEE Transactions on Geoscience and Remote Sensing, 5: 818-832.

YAO T, PAN Y, LI Y, et al., 2018. Exploring visual relationship for image captioning. Proceedings of the European Conference on Computer Vision: 684-699.

YUAN B, CHEN J, ZHANG W, et al., 2018. Iterative cross learning on noisy labels. Proceedings of IEEE Winter Conference on Applications of Computer Visione: 757-765.

YUAN H L, TANG Y Y, 2017. Spectral-spatial shared linear regression for hyperspectral image classification. IEEE Transactions on Cybernetics, 47(4): 934-945.

YUAN Y, LIN J Z, WANG Q, 2016. Hyperspectral image classification via multitask joint sparse representation and stepwise MRF optimization. IEEE Transactions on Cybernetics, 46(12): 2966-2977.

ZAREIAN A, KARAMAN S, CHANG S F, 2020. Bridging knowledge graphs to generate scene graph. European Conference on Computer Vision: 606-623.

ZELLERS R, YATSKAR M, THOMSON S, et al., 2018. Neural motifs: Scene graph parsing with global context. Proceedings of the IEEE Conference on Computer Vision and Pattern Recognition: 5831-5840.

ZHANG D, LI W J, 2014. Large-scale supervised multimodal hashing with semantic correlation maximization. Proceedings of the Twenty-Eighth AAAI Conference on Artificial Intelligence: 2177-2183.

ZHANG F, DU B, ZHANG L, 2015a. Scene classification via a gradient boosting random convolutional network framework. IEEE Transactions on Geoscience and Remote Sensing, 54(3): 1793-1802.

ZHANG L, YANG M, FENG X, 2011. Sparse representation or collaborative representation: Which helps face recognition? Proceedings of International Conference on Computer Vision: 471-478.

ZHANG L, YANG M, FENG X, et al., 2012. Collaborative representation based classification for face recognition. Chinese Conference on Pattern Recognition: 276-283.

ZHANG X, DU S, 2015b. A linear dirichlet mixture model for decomposing scenes: Application to analyzing urban functional zonings. Remote Sensing of Environment, 169: 37-49.

ZHANG Y, YE M, GAN Y, et al., 2020a. Knowledge based domain adaptation for semantic segmentation. Knowledge-Based Systems, 193: 105444.

ZHANG Z, CAI J, ZHANG Y, et al., 2020b. Learning hierarchy-aware knowledge graph embeddings for link prediction. AAAI Conference on Artificial Intelligence, New York, USA, 34(3): 3065-3072.

ZHAO B, ZHONG Y, XIA G, et al., 2015. Dirichlet-derived multiple topic scene classification model for high spatial resolution remote sensing imagery. IEEE Transactions on Geoscience and Remote Sensing, 54(4): 2108-2123.

ZHENG Z, FANG F, LIU Y, et al., 2018. Joint multi-scale convolution neural network for scene classification of high resolution remote sensing imagery. Acta Geodaetica Et Cartographica Sinica, 47: 620-630.

ZHENG Z, ZHONG Y, WANG J, et al., 2020. Foreground-aware relation network for geospatial object segmentation in high spatial resolution remote sensing imagery. Proceedings of the IEEE/CVF Conference on Computer Vision and Pattern Recognition: 13-19.

ZHONG Y, WU S, ZHAO B, 2017. Scene semantic understanding based on the spatial context relations of multiple objects. Remote Sensing, 9(10): 1030.

ZHOU B, KHOSLA A, LAPEDRIZA A, et al., 2016. Learning deep features for discriminative localization. Proceedings of the 2016 IEEE Computer Society Conference on Computer Vision and Pattern Recognition: 2921-2929.

ZHOU D, BOUSQUET O, LAL T N, et al., 2003. Learning with local and global consistency. Proceedings of the 16th International Conference on Neural Information Processing Systems, 16(3): 321-328.

ZHOU W, NEWSAM S, LI C, et al., 2018. PatternNet: A benchmark dataset for performance evaluation of remote sensing image retrieval. ISPRS Journal of Photogrammetry and Remote Sensing, 145: 197-209.

ZHU H, LONG M, WANG J, et al., 2016a. Deep hashing network for efficient similarity retrieval. Proceedings of the AAAI Conference on Artificial Intelligence, 30(1): 2415-2421.

ZHU Q, ZHONG Y, ZHAO B, et al., 2016b. Bag-of-visual-words scene classifier with local and global features for high spatial resolution remote sensing imagery. IEEE Geoscience and Remote Sensing Letters, 13(6): 747-751.

ZHU R, YAN L, MO N, et al., 2019. Attention-based deep feature fusion for the scene classification of high-resolution remote sensing images. Remote Sensing, 11(17): 1996.

ZHU X X, TUIA D, MOU L, et al., 2017. Deep learning in remote sensing: A comprehensive review and list of resources. IEEE Geoscience and Remote Sensing Magazine, 5(4): 8-36.

ZOU Z, SHI Z, 2018. Random access memories: A new paradigm for target detection in high resolution aerial remote sensing images. IEEE Transactions on Image Processing, 27: 1100-1111.